Believe in Yourself,

Seeding Your Way to Success.

成功的「成功密碼戰」

Aaron Huang 是我認識的亞洲人中，績效最好的。他和他的團隊總是能把我的活動辦得非常成功、無可挑剔，每個環節都安排得非常好，讓身為演講者的我非常輕鬆、非常順利。

我能在亞洲向這麼多人分享我的經驗，都歸功於 Aaron Huang 和他公司的大力協助，2006 年去台灣時，他便替我籌備了一場完美的演講——「成功密碼戰」，我十分謝謝他。

成功策略學權威　博恩・崔西

明智的億萬富翁

Aaron Huang 是位不可思議的人。

他是一位傑出的企業家，聰明、積極、謙遜、誠信、有智慧，我非常欣賞他。

我相信他能讓許多人，都成為我書中所提倡的「明智的億萬富翁」，因為世上有更多的「明智的億萬富翁」，這個世界才會變得更美好」，我相信他能做到。

暢銷書《一分鐘億萬富翁》作者　羅伯特・艾倫

我唯一的合作夥伴

Aaron Huang 與 Success Resources 是我在台灣唯一的合作夥伴。Aaron 和他的團隊非常傑出、卓越、令人信賴。他們是我在台灣唯一信任的企業家與組織，他們可以把每個細節安排妥當，讓我的每個課程、研討會、演講都非常精彩。我要謝謝他們。

行銷天王　傑・亞伯拉罕

真正的教育家

真正的教育家不是我，而是我的好朋友。

這位好朋友投入自己的時間、資源和名聲，來提升這個世界的知識經濟水平，這是一名成功創業家、一名偉大銷售員的表現。

我要在這裡真誠、公開地感謝我的好朋友 Aaron Huang。

富爸爸集團董事長　布萊爾・辛格

勇玩與憨勁

認識 Aaron 多年，他幼年雖罹患小兒麻痺症，卻沒有因此困鎖自己；成長過程照樣和鄰居、同學打棒球，一樣追趕跑跳碰，他具備不自卑、不自憐的特質；成年後的 Aaron，挫敗對他來說，是常有的事，而他不自我設限的個性，多少跟童年時期「勇玩」有關。

別看 Aaron 他個子不高，志氣卻很高，在行銷領域上，他更以勇敢的心——也是大家常戲稱的「憨」，闖蕩行銷直銷圈。也因為這股憨勁，造就今日他能與世界最頂尖的行銷大師齊平交往的成就。

有一天，Aaron 跟我說，他觀察了許久，確認杜拉克是大師中的大師，特別是杜拉克生活簡樸，奉行基督信仰精神，更遵行什九奉獻、做公益，是值得他效法的對象。他說，人若賺得全世界，而失卻了生命，又有何意義？人生的價值不就如同杜拉克，充分發揮恩賜，在專業領域被尊重，卻謙卑不忘感恩。

這幾年，Aaron 戮力專研杜拉克的思想，以杜拉克為師，企望也能進一步幫助更多企業人，擁有大格局，做對事。而此本《有錢人都在學！》，便是他多年專研杜拉克的結晶，相信此後他會有更多著作，以生命影響生命造就，是閱聽者的福氣。

財團法人橄欖文教基金會董事長　尹可名

有$錢人都在學！

B&U 從內到外，徹底改變您的一切！

華人知識經濟教父 **Aaron**
華文培訓大師 **Jacky** / 合著

超級有效的
國際級課程
Business & You，
4周蛻變人生

趨勢與槓桿，啟動新起點！

BEING THE BEST

華人知識經濟教父 | Aaron Huang

▶ 台灣成資國際股份有限公司總經理

▶ 台灣彼得杜拉克社會企業創辦人

▶ 旅遊家，環遊世界 20 個國家、200 個城市

華文培訓大師 | Jacky Wang

▶ 大中華區培訓界超級名師

▶ 馬來西亞吉隆坡論壇〈亞洲八大名師〉之首

▶ 世界華人八大明師首席講師

▶ 國際級課程 Business & You 全球主講師

事業、人生得以結合

閱讀完本書後，我在心中產生一股深深的體悟，那就是系統、團隊及正向力量何等重要。非常感謝 Jacky Wang，也感謝魔法講盟及創見文化，能出版這麼好的書並引進課程，教會我如何將事業與人生結合起來；教會我用更大的愛、更好的方式，來運作人生的系統和賺錢，讓事業為我工作，讓我的生活發生更美好的改變！

國際區塊鏈專業認證商學院台灣分院院長　吳宥忠

拓展人生，從 BU 開始

拜讀完《有錢人都在學！》，我相信會有更多的人因為這本書，而真正了解人生的真諦！也很感謝 Jacky 從美國引進國際級 Business & You 課程，現在我知道該如何主宰自己的財富（I 象限），不再被金錢所奴役（E 象限），且本書不僅可以學習到發展事業與團隊的技巧，還可以學習到公司營收與個人財富的十倍數增長 T&M，著實拓展了我的人生。

上海風華管理顧問公司總經理　柯明朗

自己不改變，任何事都不會改變

　　透過本書，我深刻體會到最重要的觀念就是關於改變：事情要改變，首先自己要先改變。雖然沒有教我一夜致富的方法，但它的確讓我的生活變得更豐富，透過資源整合，讓越來越多的人得以平衡金錢與人生的關係，金錢自然被吸引而來，更重要的是幸福也會隨之而來。推薦給每位想瞭解並改變自己人生的讀者。

SCMI 企家班 MIBA&EMBA 講座教授　　林明德

一本震撼力十足的黃金寶典

　　《有錢人都在學！》是一本不容你錯過的超級好書，從書中學習 Jacky 的思考格局和視野，不僅啟發了我的管理實務和領導技巧，使我更有系統地經營事業，思維也變得更為國際化。且當我能妥善處理事業後，我也有更多的時間來經營家庭，與家人之間的相處愈發圓滿和諧，果真獲得完美人生，感謝 Jacky 出版如此好書。

　　想追求卓越、成功的你，絕對要加緊入手這本黃金寶典，相信我，你絕不會後悔。

東馬華商總會執行長　　李耀民

一個決定，讓你享有財務自由的人生！

Business & You is Everything！

交大教授 方守基

「我從 BU 的學生成長茁壯為 BU 講師，一路走來，Business & You 影響我、幫助我一輩子！欣聞 BU 華語版引入台灣，應是兩岸培訓界的一大盛事！BU 終於建構了華語授課與華文教材的體系，可喜可賀！在此大力推薦──BU 確實可以改變您的一生啊！」

企業管理專業顧問、職訓講師 林均偉

「Business & You 雖然沒有教我一夜致富的方法，但它的確讓我的生活變得更豐富，不管是在公司還是家裡，我正施行成本效益分析系統以提升更高的效率及正面的環境，我推薦 Business & You 給每位想了解並改變自己人生的人。」

企家班 EMBA 講座教授 邱茂仲

「參加 Business & You 你會發現認識的人真的很不一樣！由此形成的團隊也不一樣！講師群的乾貨極多，其中王晴天博士是我建中與台大的學長，縱橫學術界與實業界，他的授課內容極為精彩，非常值得一聽，值得學習！」

暢銷書作家、行銷管理專業顧問 楊智翔

「在沒有上這些課程之前，我可以說是一個沒有目標的人，或者說是從來沒想過幾年後會成為怎樣的人，但上過 Business & You 課程後，它教會我不一樣的生活方式，我開始改造自己，無論是看問題角度還是學習工作方式……我現在經常反思，也找到事業的利基點，成就自己的事業，更感受到什麼才是人生最大的財富。」

Business & You 擁有神奇的魔力，讓你改變自己，使生命更豐盛、美好，現在就一同來揭開 Business & You 的神秘面紗……

別讓成功毀了你

一個美麗的故事

Business & You 黃金筆記 & 平衡生活執行日誌

Unit 4　黃金創業要點

Unit 5　Business & You 史上最強的商業經營成功學

別讓成功毀了你

成功可以毀滅一個人！這種例子我看太多了。聽起來很奇怪，因為我們總在計畫成功、夢想成功，而且最重要的，我們祈求成功！問題是，成功降臨時，往往是我們自我毀滅的開始。

上帝賜福我們眾人，讓馬鞍峰教會長老、會眾回應我們的信息，受傷的人得到幫助。剛開始，我們很高興看到上帝在動工，因為我們只是把人帶到祂面前而已，但不久，我們開始接受試探，我們把焦點從上帝身上挪開，只關切自己的所作所為。如果我們這樣，那成功遲早會毀掉我們的一切，不論你的教會是 20 人還是 20,000 人，你都可能是下一個被成功毀滅的人。

我們都了解試探的威力。1980 年，我剛到橘郡、剛建立馬鞍峰教會時，我的夢很大，上帝給了我一個擁有數名會友的教會異象。在教會建立前 25 年，上帝的確實現了起初祂答應我的每個承諾；但 2002 年，當《標竿人生》出版後一切都改變了。

它是美國有史以來最暢銷的書，突然間，我接到來自總統、企業領袖和明星的電話，我從沒想過要這樣，我告訴自己，我得警醒一點，就像我在文章開頭說的：成功可以毀滅一切——我們可能開始遇到《聖經》所說的試探：「肉體的情慾」、「眼目的情慾」和「今生的驕傲」。（約翰壹書二：16）這也可能在我們察覺前，我們就已從成功高峰，一步步走向毀滅了。

「肉體的情慾」是貪圖逸樂；「眼目的情慾」是貪愛物質；而「今生的驕傲」是追逐名利。肉慾、物慾、名利全是會使我們沉淪的世俗價值，若有人說這些絕不會在他身上發生，那他就是在自欺欺人。

對付這些試探有三個藥方：

1 正直

對付「肉體的情慾」，你必須正直，建立規範，儘量讓生活單純。例如，創立馬鞍峰教會 30 年來，我從未單獨和親友以外的女性共處一室，更不會把門關上，這是我向葛理翰牧師學來的「界線」，這麼做是不要讓人握有指責我的把柄。除此之外，還有許多陷阱，我們需要一些規範，讓自己保持正直，且現在就建立，不要等，否則你的事業與工作就岌岌可危了。

2 慷慨

對付「眼目的情慾」（物慾）的藥方只有一樣——慷慨。每當我們「給予」時，我們就是在放棄某項物質的擁有權。《標竿人生》的暢銷，可說讓我一夜致富，能大大改善我的生活品質。但我不要，因為我寫書不是為了賺錢，就像我在書裡說：「寫這本書不是為了我自己。」我把自己在馬鞍峰教會所收到的薪資都退了回去，從那天起，我不再向教會支薪，更把什一奉獻顛倒過來，做什九奉獻！

當你經濟寬裕時，你會想更富有，而這會發生在財務階梯的第一層。你想到更大的教會，拿更高的薪資，起初你可能只想維持家計就好，但慢慢地，你會開始想要多得一些，好讓家裡舒服一點。物質本身不是罪惡，但它會讓你越來越貪，而在你醒悟

之前,你的焦點可能早已從神偏移到物質上了,所以慷慨是治療眼目情慾的唯一藥方,慷慨地給予吧。

 謙卑

當你嚐到名利時,很容易就會相信別人對你的吹捧,因此,當「今生的驕傲」試探你時,一定要謙卑,「幽默以對」則是謙卑秘訣。你知道「謙卑(humble)」和「幽默(humor)」是同一字根嗎?謙卑是不把自己看得太重,當你能對名利一笑置之時,便是謙卑的表現。

請記得,謙卑不是否定你的努力。我們都很努力,否定它並沒有好處,謙卑代表你單靠信仰——當你在事業上有成就時,請銘記在心。

神要我們在事業上成功,祂要我們廣傳福音,把人帶到祂面前。然而,當我們忘記服事的對象是誰時,成功就成為我們的絆腳石了。

朋友們,讓我為你禱告,當成功來敲門時,請記得這三件事——遠離道德的敗壞、慷慨給予,並謙恭自省。

(譯自 Rick Warren' Ministry Toolbox —〈How to respond to success in ministry〉)

一個美麗的故事

　　1620 年 9 月，102 名清教徒登上「五月花」號，在該年冬天抵達新大陸（美國）普利茅斯港，準備開始新生活。但不幸的是，這些歐洲移民大都無法適應當地環境，許多人都在新大陸的第一個寒冬中喪命，僅有 50 人倖存。

　　正當這些英國移民感到絕望時，有位叫 Squanto 的萬帕諾亞格族人與另一位叫 Samoset 的阿爾岡昆族人（均俗稱「印地安人」，為美洲原住民族）在海邊捕魚時發現他們。

　　由於 Squanto 曾被英國人俘虜過，所以會說一些英

語，本性善良的他自願協助這些英國移民度過難關，之後又召集族人前來教導他們耕作，新移民才得以生存下來。這些新移民為了表達感謝，在 1621 年 11 月底，邀請這群原住民朋友一同享用玉米、南瓜和火雞等佳餚，歐洲移民和美洲原住民過著幸福快樂的日子；美國感恩節也因此誕生，為感謝上帝和印地安人真誠的幫助。

　　而知識就是力量，當時越發看重知識與科學，眾人開始思索子孫的教育問題該如何解決？這就要提到著名的哈佛大學了！哈佛大學於 1636 年建立，比美國獨立還早一個半世紀，當時移居美洲的英國清教徒，為子孫後代幸福，仿效英國劍橋大學的模

式，在馬薩諸塞州建立美國第一所高等學校，稱為劍橋學院。一直到 1639 年甫更名為哈佛學院，以紀念學校創辦人約翰・哈佛（John Harvard）。

1636 年，約翰・哈佛牧師，帶著所有家當——780 英鎊和 400 多本書籍，以及一本黑皮燙金字的《聖經》，從英國劍橋大學隻身來到新大陸，建造一間跟英國劍橋大學一樣偉大的學院，培養神職接班人，加速哈佛大學的誕生。

哈佛學院模仿英國大學的模式辦學，學院領導人均遠赴劍橋大學學習新知識，但清教徒思想卻予以保留，也因為這樣，哈佛雖未有任何宗教涉入，可仍有很多畢業生至新英格蘭從事神職人員；直到 1708 年，第一個非清教徒的校長上任，哈佛才從清教思想中跳脫出來，並於 1780 年，被馬薩諸塞州議會破格升為「哈佛大學」迄今，現常被簡稱為哈佛，是長春藤盟校的十校之首。

⸙ 追求真理，榮耀基督，先有哈佛大學後才有美國誕生 ⸙

而 Business & You 就是要帶著我們一起尋根，從約翰・哈佛先生的豐盛資產——《黑皮聖經》；管理學大師彼得・杜拉克（Peter F. Drucker）的管理學院之由來——《聖經》；兩次被哈佛開除的富勒博士（Buckminster Fuller），其研究的基礎——《聖經》；就連美國總統宣誓就職，手上都是拿著《聖經》宣誓，找到這近 400 年現代商業思維之根源。

所以，我期待未來各位不要將這本隱藏財富和創造力的書籍，視為宗教書籍來膜拜，下面跟讀者們分享一則小故事〈假如真有上帝，你損失了什麼〉。

多年前，有位學者在某場大會上向聽眾傳達「上帝絕對不可能存在」的言論，見聽眾覺得自己說得言之有理，他更仰頭向上帝大聲地說：「上帝，假如祢果真有靈、確實存在，那請祢下來，我們便相信祢真的存在。」

此話極具挑戰意味，學者說完還故意地靜靜等候了幾分鐘，結果可想而知，當然沒有上帝下來，於是他便

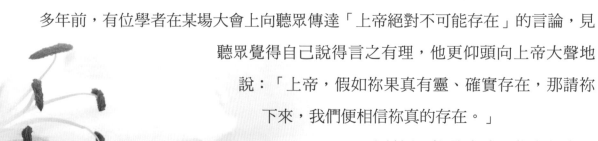

向聽眾說：「你們都看見了，上帝根本不存在！」

這時，有位頭上盤著頭巾的婦人站起來對他說：「先生，你的言論很高明，你是一位飽學之士，我只是一名農婦，不能反駁你的言詞，但我想請你回答一個在心中積存已久的問題。」

婦人繼續說道：「我信奉主耶穌多年，覺得上帝恩典慈悲，內心十分快樂；我心中充滿上帝給我的安慰祥和；因為信奉上帝，人生才有了最大的快樂。但請問，假如

我死後發現上帝根本不存在，那我一輩子信奉祂，是否會損失什麼呢？」

婦人說完後，全場寂靜無聲，聽眾也開始認為婦人說的很有道理，學者思考了好一會兒，十分訝異如此簡單的言論，竟這麼有邏輯，於是低聲回答道：「女士，我想妳一點兒損失都沒有。」

「謝謝你的回答，我心中還有一個問題。」

婦人接著向學者說：「當你哪天年老死去，發現世上真的有上帝、天堂和地獄的存在，大家的信仰是千真萬確的，那你的損失大嗎？」學者再次陷入沉默，無言以對。

婦人相信上帝，所以學習上帝的慈悲，學習上帝的處世之道，但無論有沒有上帝，婦人所遵從、信奉的觀念，都受用一生。倘若上帝不存在，你損失了什麼？又如果上帝真的存在，你又損失了什麼呢？筆者想這十分值得我們深思。

無論我們信奉與否，上帝都是善良、慈悲，且庇護子民的，上帝的旨意就是教化我們善良、真誠和容忍。信奉上帝的人，心中皆裝著祂的教誨和旨意，內心充滿著快樂和感恩，相信善惡有報，崇尚善良和友愛、真誠，這不好嗎？有些人因為不相信天堂與地獄的存在，不認同善惡有報的言論，所以才會為了個人利益為所欲為，沒有道德的約束及良心的規範。

莎士比亞曾說過：「不要毀謗你不知道的真理，否則你的生命將會處於重重危險之中。」的確，當你逝世時，發現上帝真的存在，大家心中的信仰都是千真萬確，更

有天堂和地獄，而非世人所虛構出來的，那在相信的過程中，你是否會失去什麼呢？

　　筆者真心期待，期望大家能藉由 Business & You，重新定義《聖經》，學習提升生命存在的價值，進而影響人生、創造財富，不再為錢所困，達到財務自由的最高境界。

Business & You
黃金筆記&平衡生活執行日誌

在心動與行動之間存在巨大的挑戰，絕大多數的人肯定都有接觸過心靈勵志，或是跟成功學相關的書籍和課程，並激發出許多鬥志和偉大的夢想。

但實際成功的人很少，大多不是選擇放棄，要不就是續航力越來越短，只有少數人能持續付諸行動，並不斷修正、改變現狀，甚至是影響他人，過著理想中的生活。

本書乃根據 Business & You 課程內容為基礎，被美國各企業領導人應用長達 240 多年，是已證實有效的創業＆致富參考書，更是延續宇宙自然法則，所發展成的平衡生活訓練手冊，是你邁向成功生活最好的工具書，只要四周的時間，便能讓人生產生改變。

第一周 幫助你了解什麼樣的成功模式才是你真正需要的。
第二周 幫助你了解 Business & You 真正的行動計畫及核心平衡法則。
第三周 協助你察覺生活是否平衡喜樂，並提供平衡生活的七項修練。
第四周 完成一生的命定，找到長、中、短期的人生目標，並順利達成目標。

記住，上帝永遠會幫助且祝福自助的人，守住你的心，要勝過守住一切，因為人一生的果效，都從心出發。讓我們馬上開始吧！

Week 1 這是一個神奇的成功故事

經濟學家研究商業市場時發現：在一個以市場機制主導的自由市場，生產因素由低效能向高性能的組織移轉，最後強者越強，甚至是將市場壟斷，弱者最終只能淘汰出局，這也是所謂的馬太效應。

> 凡有的，還要加倍給他，叫他富足有餘；
> 沒有的，連他僅有的，也要奪去。

馬太效應不僅在經濟、生活、金錢、智慧，在人格乃至身心靈的提升，也都遵循著這個效應。下面跟大家說個小故事。

一位主人要到外地去，出發前他把僕人都喚了過來，要將家業交給他們打理，主人按著每位僕人的能力，分別發了五千、兩千、一千枚銀幣，再稍微交代一下便出門了。

拿到五千枚銀幣的僕人，他馬上把錢拿去從事買賣，多賺了五千枚回來；領兩千的僕人，一樣用其他方式賺了兩千枚；至於那領一千的僕人，只找了一處把錢埋起來。

過了一段時間，主人回來了，他把僕人叫來結帳。

領五千枚銀幣的僕人，拿著另外賺的五千枚銀幣到主人面前，率先開口道：「主人阿，您原先給我的五千枚銀幣，現在又多賺了五千回來。」

主人說：「好！你這良善、忠心的僕人，你在原先不多的事向我表達忠心，

我要將許多事都交由你管理，讓你一同享受主人的快樂。」

　　接著，領兩千枚銀幣的僕人也說：「主人阿，您交給我的兩千枚銀幣，看，我也賺回兩千。」

　　主人說：「好！你這良善、忠心的僕人，你在原先不多的事向我表達忠心，我要將許多事都交由你管理，讓你一同享受主人的快樂。」

　　最後，領一千枚銀幣的僕人說：「主人，我知道您是不忍心的人，沒有種植的田畝要收割，也沒有散的地方要聚斂，所以我害怕，便把您給我的一千枚銀幣埋藏起來。請看，您原先的錢都在這。」

　　主人回：「你這好逸惡勞的僕人，你既知道我沒有田畝要收割，又沒有散的地方要聚斂，如果我把這些錢交給借貸金錢的人，那我回來的時候還可以連本帶利的收回。」說完後，便將一千枚銀幣拿回來，交給賺取五千的僕人。

　　因為凡有的，還要加給他，叫他有餘；沒有的，連他所有的也要奪過來；便把這沒有用的僕人趕到外面。

　　這其實是個相當深奧的故事，因為那五千枚銀幣代表的其實不只是錢財，以希伯來語解釋，可以解釋為才幹的恩賜、能力的不同。你可以發現五千枚和兩千枚的結果雖然不同，但得到的獎賞卻是一樣的，所以，並非有錢就會比較平安喜樂，也不是更有錢，獲得的獎賞就大。

　　我們把五千、兩千、一千枚銀幣換個角度定義，你可能較容易理解，試想，若衡量一個人的價值標準，不是錢財、名利或地位，而是對社會的貢獻度，那我們是否會比較快樂呢？因此，古老成功學真正的原則應該是……

原則一 每個人都被賜予恰如其分的天賦與資源。

原則二 天賦與恩賜及責任與義務，分別是硬幣的兩面。

原則三 成功的評斷標準，不是一個人的成就大小，而是我們是否有全力以赴、竭盡

所能地展現天賦與恩賜；態度才是致勝的關鍵，每個人都能成功得勝。

原則四 恐懼是失敗的主因，是心中沒有愛，是不相信主人的獎賞。

原則五 凡有的，還要加倍給他，叫他富足有餘；沒有的，連同僅有的，也要奪走。

所以，請先想一想……

你發自內心，真正喜歡的是什麼？

對你來說，真正的成功到底該如何定義？

你所謂的真正財富到底是什麼？

是否願意花多點時間來思考？

真正的成功得勝，不是要你極端發展，例如變得很有錢、成功，它反而像長途旅行，是一個循序漸進的過程；得勝成功應該是一種境界，是可以平衡又豐盛的，透過平衡豐盛的生活，你收穫到的才是真正的喜樂與成功。

但方向確定後，並非完全不會偏離航道，就如導彈升空，有97%的時間都在修正方向，所以，我們也必須經過不斷地修正，才能達到心中所想的得勝成功。

全力行動 → 失敗 → 學習 → 修改訂正 → 重來一次 → 再全力以赴

行動的核心在於，如果你要保持生活各方各面的平衡與調適，那你就要很認真地執行，並學習如何操練。我認為，一個人之所以能在企業擁有卓越的成就，不是單靠自己努力，還要從天、從神取得；所謂大富由天，成功者一定願意放下身段做公益，這是件不簡單的事，像比爾·蓋茲（Bill Gates）就是如此。

所以……

1. 拿起筆寫下來。

　　◯ 你的偶像是誰？

　　◯ 你最羨慕的英雄是誰？

　　◯ 你心中最成功的典範是誰？

　　◯ 為什麼？請把它寫下來。

2. 請寫出你對「成功」二字的定義。要知道文字本身沒有意義，是由我們下定義的。

3. 請寫出財富的定義。錢，對你而言是什麼？帶給你什麼樣的感覺？

　　完成以上三件簡單的功課後，就可以進入這段最重要的主題——你的方向是什麼？

　　我想很多人對成功得勝，不管是得勝（Victory）還是成功（Success），一定都有個很好玩的定義，但這個定義對你而言，到底是什麼？感覺又是什麼呢？我覺得你最起碼要有幾個不同的定義，真正得勝成功有四個重要的考量點。

❶ 你要有一個正確的方向，我最終要去哪裡？

　　這個方向會讓你的目光停留在有價值的事情上，確認你生活中最有價值的事情為何，你就能制定一個計畫，努力地實現它。

　　像對我來說，做一個好的企業家，經營企業的目的是一種見證，為了榮耀神，這件事情是非常重要的。所以，不管是創業還是身處職場，我做什麼都會優先考慮這件事情，而這就是你的方向、價值導向。

 2 ▶ 你必須要平衡豐盛，而且平安

平衡豐盛就會平安，而平安就會平衡豐盛。你可以想像自己走在鋼索上，這是件非常危險的事，所以，你必須努力維持各方面的平衡，為自己帶來真正的平安喜樂。

你一直保持這樣的方向，就不會為了賺錢，而捨棄生活、家庭，甚至犧牲照顧、陪伴孩子成長的時光，因為你會知道什麼是最重要的，且這跟方向是有關係的，因為擁有正確的方向，你才能抵達第二個喜樂平安的平衡與豐盛。

幸福，是要在所有事件中產生平衡，你才能真正的幸福，並非掛在嘴上說說而已。

 3 ▶ 你的信念是什麼？

沒有信念的人，他無法獲得真正的財富，更不能過上得勝豐盛的生活。一個人的信念越強，就越容易得勝，而只要常常得勝，就越容易成功；成功的人他對自己相信的事情，絕對有著百分之百的信念。

這也是為什麼世界前百強企業的老闆，九成九以上都有一個堅實的信仰，且他們很多都是手拿《聖經》的創業家，因為對他們來說，相信上帝、相信真理，是很重要的信念。

 4 ▶ 除了信念，你的信仰是什麼？

你有沒有一個最終的價值依據？你相信什麼？與一個沒有信仰的人合作，其實是非常危險的，因為信仰就是彼此間最好的合約。

將以上四點作為基礎，我們就可以替成功下一個定義。請將下面這段話牢牢記在心裡：「在你的生命中，信念會引導你前進的方向，你在黑暗中會有道明確的光，引領你進入一個得勝成功的境界。」

得勝成功，就是一個人先樹立一個長遠有價值的目標，然後知道這個目標背後的目的，願意循序漸進地將它變成現實，是一個慢慢去實踐的過程；而這個過程，會因

為平衡、平安，使你變得堅強、堅固，又因為你有信仰，而別具意義。

對我來說，成功就是知道自己是誰，知道自己一生的命定是什麼，找到「我」存在的價值，然後實踐這個真理的追求，跟實現這個價值，並在這個過程中修正改進，但不管怎樣，都要以信仰跟信念為依據來進行修正。

所以，當我走在這條路上時，我會覺得自己是平安且得勝成功的，但在這裡需要特別指出一點，Business & You 並沒有創造任何一個原則，它存在於永久的過去，也存在於漫漫的將來，Business & You 是為了在生活中獲取快樂，滿足得勝成功而相應誕生的。

這也是歷史上記載全世界最有錢、有權，且具有超人智慧及健康長壽的人——所羅門王，他為了積聚其巨大的財富所運用的原則，如果你把此原則同樣運用在生活上，也會有相同的結果。

歷史上，商界有許多非常偉大的發明，這些發明者也運用了這些原則，而我們之所以將這個原則稱之為「Business & You 的成功定義」，是因為 Business & You 是現今已知的培訓課程中，第一個將這些原則以清晰的文字影音，且有系統地呈現出來的課程。

早期猶太人，用「射弓箭」來比喻成功的原則，根據他們的信仰，所謂的成功得勝是指「射箭射中靶心」。好比一個人做了一件上帝喜歡的事，然後也確實完成，就叫「中的」，也就是射中靶心。

而在聖經上所謂的「罪」就是「不中的」，並非我們所認知的「犯罪」，是「沒有射中靶心」的意思，是能夠被修正的，如果你做了一件上帝不喜歡的事，那就是不中的，但希伯來文翻譯為犯罪。

《聖經》上記載世人都犯了罪，因為我們每次心裡想的跟嘴巴講的都不一樣，我們做的也不是所謂的追求真理，但不追求真理，自然就無法成功得勝。

所以，我們可以用弓箭來表示這個成功的原則，你的方向一定要以你的信仰跟價值觀為根據，以射箭為例，弓箭要射

得準，就要把箭拉在中間，弓弦往後一拉放開便能射得準確，這個動作是為了保持平衡，這樣箭射出去才不會偏移。

如果你沒有方向，這樣即便你瞄準了中心，也無法設中靶心，你仍會過著不平衡的生活，很難在生活及工作上，真正得勝成功；若想獲得真正並具有意義的得勝成功，你的箭就要指對方向，這個方向還必須要有價值。

那什麼是有價值呢？就是你最終的目的、你這一生的命定，以信念、信仰做成一把強而有力的弓，來支持你的力量跟你的箭，而箭頭會指向 Business & You 的成功定義，也就是得勝成功的價值觀。

不幸的是，一群人中大概只有不到 5％的人，對成功持有強烈的意願，理解並認同這個方向，大多數的人都是以自我為方向，有些人甚至是以名車、豪宅為方向，這樣能理解嗎？

以價值為方向的成功觀，跟以自我為方向的成功觀，是兩條完全不同的方向，人生又只有一個方向能抵達喜樂平安成功的彼岸，所以，請再次拿起你的筆，將下列問題的答案依序寫出來。

□ 你的方向？
□ 最重要的事物？
□ 行動的特點？
□ 你的信仰是什麼？
□ 你的生命觀？

從這幾個問題，去思考真正的得勝成功，以有價值的事情為方向，唯有沿著這個方向前行，才能得到真正的喜樂平安、內在的平靜，這是一個經過時間檢驗所存在的真理。

在歷史上，偉大的人物、近代成功的企業家，他們經歷過無數次的成敗，也都印證了這個原則。想想看，真正的成功需不需要賦予目標一個價值，而不是單純只到錢，以金錢為導向？

像有位知名的牧師便寫了本暢銷書《不要窮得只剩下錢》，可能有許多人會說：「我不準備成為偉大的人物，那我的眼光又應該停留在什麼有價值的事情上呢？」請思考一下，你可能不會成為偉大的人物，對賺取億萬財富或許也沒有很大的興趣，可即便如此，你也不會是一個卑微沒有價值的人。

造物主，我們一般把它稱為上帝，祂賦予我們足夠的天分和天賦，讓我們得以展現才能，投入到有價值的事情上。如果你沒有能力領導一場促使變革的社會運動，那你可以選擇做能力所及的事情，比如保護環境、保護兒童，或做義工，看看上下班時間，十字路口那些義工媽媽、義工爸爸及義交，他們就是平凡中的偉大。

所以，你可以試著讓別人發現你不一樣的地方，你一定也有能力在其他地方彰顯你的責任、奉獻你的價值，就像世界華人影響力人士陳樹菊女士，僅是位在菜市場賣菜的阿嬤；在政壇形成旋風的高雄市市長韓國瑜，他同樣是賣菜出名的。

美國有位很有名的馬丁·路德·金恩（Martin Luther King）牧師，他也曾在演講時說過：「完整生命的三個層面，無論你覺得自己，相對於世界的標準，與那些偉大的成功者來說，是如何的渺小、微小，你都必須醒悟到，如果他是在服務人類跟實踐上帝的旨意，那便是一切意義的所在。」

再來看看臺灣馬偕醫院創辦人馬偕（George Leslie MacKay）先生，他其實沒有理由要留在台灣，但他不僅在臺灣

娶妻,更逝世於台灣。他起初從淡水登岸,一直到艋舺(現今臺北萬華),他做的只是他所擅長的,醫學上的恩賜,剛開始更僅僅是幫人拔牙,我們都知道牙疼不是病,但疼起來要人命,所以他從拔牙開始取得別人的信賴,進而在這件微小的事情上,展現出榮耀上帝的事情。現在只要看到馬偕醫院,或在淡江中學裡看到他的墓碑,你都會發自內心的感謝這個人,這不也是平凡中的偉大嗎?可謂得勝成功、喜樂平安的典範。

想像一下,如果你的任務是掃街,那你能不能認真掃街?以當年米開朗基羅雕塑石頭的那股狂熱,認真地去做你應該做的事?能不能像拉斐爾在畫畫一樣,用那股對藝術的熱忱去進行掃街?你能不能用貝多芬作曲時的專注去掃街?能不能像莎士比亞寫詩一樣,認真地去掃街?

你是想將街道掃得非常乾淨,好到別人都沒有辦法達成的地步,還是選擇隨便掃一掃就好?能否掃到讓所有的人都停下來說:「哇!是哪個清道夫把這條街道掃得如此乾淨?」受到眾人的讚賞。

總會有人發現你的存在,即使都沒有人發現,上帝也一定看得見,你說是嗎?無論是偉大還是普通的人,只要堅持以價值為方向,盡一切努力讓美好的事物發生在你身邊;盡己所能,讓所有接觸的人,都感覺到那一絲絲美好,這都是很好的見證,是平凡中的偉大。

好,現在做功課的時間又來了,請拿起你的筆。

- ☐ 什麼事對你來說最重要?你可以列出現在,還有過去及未來十年。
- ☐ 你現在從事什麼行業?在做什麼樣的生意?它的價值能計算出來嗎?
- ☐ 你是否可以理解,且接受 Business & You 對得勝成功的定義與方法?為什麼?

　　我希望你放空心思，當然，要完全放空相當困難，但還是請你深呼吸，試著放輕鬆，然後把上述問題的答案寫下來。在我們的生活中，有許多人並不以價值為方向，是以自我中心為方向，有些人甚至以金錢、權力、名望、社會地位為方向；而以自我中心為方向跟財富的成功觀來看，它們可能有時候在某些方面看來是成功的，但長期觀察的結果卻不一定是你要的。

　　如果我們以 Business & You 的得勝成功定義來判斷，就不能單用金錢、權力、名望跟社會地位，做為判斷他人是否成功的標準。20 世紀曾做過一項實驗，研究 9 名美國最有錢、有權的人，持續追蹤他們長達 25 年的時間，結果各個身敗名裂，不名一文。

　　從這個研究結果我們可以看到，判斷一個人是否成功，不是光看他現在擁有的權勢，要過一段時間後，看看他所能產生的價值有多少；而這段時間或長或短，也許一個人過世後便能展現，也可能要花上百年，甚至是更長的時間來接受後代的評價。

　　所羅門王曾寫過一首詩：「我見過惡人，大有勢力，好像一棵青翠的樹。在本土生長，有人從那裡經過，不料他沒有了，我也尋找他，卻尋不到。」也說：「最終一切都是虛空，一切都是捕風。」所以，你在蓋棺論定的時候，你希望留下什麼？又預計在墓誌銘上寫下什麼？提供你選擇價值方向的兩個理由：

□ 以有價值的事情為方向，會令你成為世界上最平安最喜樂、最自由的人。
□ 以價值為方向的成功，會讓你內在真正的平安，且這個祝福會延續到你的下一代，甚至是下下代。

　　因此，真正以價值為成功方向的人，並不是意味著它只能過一種貧困的生活，有些基督教的牧師，鼓勵信徒過清貧的生活，這其實有些矛盾，因為造物主本身就是豐盛的。相反的，在生活中有許多以價值為成功導向的人，他們也同時擁有財富、權力、名聲，雖然同樣是金錢、權力、名聲，但只要是走在兩種不同方向的人，意義就完全不一樣。

　　像剛剛提到的所羅門王，他是世上最有權勢的人之一，他曾說：「富足的人，其財務是他的堅牆，是他的城池，在他心中猶如高牆。」所以，如果你把財富、權力、

名聲視為目標，念念不忘，那你就會被財富名利……等欲望所困，永無止境地把自己困在一道衝不破的高牆內。

童話故事《白雪公主》的壞皇后，每天都會問魔鏡：「魔鏡啊魔鏡，誰是世上最美麗的女人？」皇后的痛苦、忌妒、殘忍，都源自於自己的美貌要勝過所有人。生活中，我們可以看到許多人因為對金錢、權力……等永無止境的欲望，導致自己陷入萬劫不復的深淵。

所以，對一個有價值觀、有成功方向的人來說，這些絕不是他所追求的目標，因為他就好像是馬太效應裡領有五千枚銀幣的僕人，被賦予很多的責任，那銀幣不只是財富，同時也是他誠實、忠心、勞動的獎賞；因此，他沒有必要跟別人比較他的成就大小，這並不會使他煩惱，他只需要在自己的天賦上盡力，並好好地去發展，他相信一切都有上帝的安排，自有收穫。

偉大的哲學家奧古斯丁（Saint Augustine）曾說：「我們每一個人的內心，都留有一個位置，要用永恆的意義來填補。只要我們一天沒有尋找到內心真正的永恆內在，就會感到空虛，直到我們找到一個永恆的定義，我們才能獲得內心的平靜。」金錢、權力、地位都是過眼雲煙，他們無法帶給人心靈的平靜。

中古時期的中東，有位叫薩拉丁的偉大國王，他一生享盡榮華富貴，但他的墓誌銘卻這樣寫著：「這裡躺著的是偉大的薩拉丁，曾經擁有國土、臣民和嬪妃無數，但現在他只擁有這塊墓地。」

這也是為什麼所羅門王會感歎一切都是虛空，包括馬斯洛（Abraham Harold Maslow）在談人生的五大需求時，第一個談的便是生理需求、安全感，最後才是自我實現；但到了晚年的時候，他發現除了自我實現以外，其實還有一個超越自我實現的神性、靈性需求。

有價值的事物可以讓我們的生命跟永恆相連，人的生命是短暫的，假設你活到一百歲，請盡己所能地把所有資源都投入到有價值的事情上，就像奧林匹克運動會，每一屆的選手都盡力表現，在賽場上發光發熱，榮耀自己、也榮耀國家，這個價值會被永恆地傳遞下去。1636 年建立的哈佛大學，現已是全世界最具影響力的大學，它的校訓便是明確的「追求真理，榮耀基督」。

現在請再拿起你的筆，思考下面的問題。

1 確認你覺得有價值的事情

如果現在有半天閒暇的時間，你會如何安排、利用這半天的時間？

- ▶ 和家人共度？
- ▶ 約朋友一起玩？
- ▶ 閱讀經典書籍？
- ▶ 加班賺錢？
- ▶ 參加社區服務？
- ▶ 找朋友去看電影或自己看電影？
- ▶ 無所事事，在家發呆？
- ▶ 到咖啡廳喝咖啡，或另有安排？

你支配時間的方式，將反映出你的價值傾向，所以請先花一點時間思考，再寫下來。

2 現在的工作，可以讓你獲得什麼有價值的東西嗎？

例如開闊眼界、提高工作能力、發展人際關係、有成就感、可以幫助別人？想一想，認真寫下來。

3 心中理想的工作是什麼？

這份工作，可以讓你選擇出有價值的方向嗎？對你來說，到底什麼是理想的工

作？花一點時間思考，並寫下來。

4 ▶ 目標一旦實現，可以讓你充滿成就感嗎？

這件事很重要，試著想想看心中到底有什麼目標？

5 ▶ 有哪些事情想做？不去做的話，離開人世後是否會有遺憾？

有哪些事情是現在不做，未來去見上帝時，你會感到遺憾的？

接著，請再花一點時間思考，寫下生命中你認為有價值的事情是什麼？寫完後，恭喜你第一周成功改變了，也祝福你未來的生命更豐盛喜樂跟平安。

下面，再跟你分享一個真實的見證，有關信念、信仰與價值，這是世界級羽毛球國手周天成先生所領受到的（聖經經文）。

然後我實在告訴你們，把你們在地上所捆綁的，在天上也要捆綁，把你們在地上所釋放的，在天上也要釋放，我要告訴你們，若是你們中間有兩個人在地上同心合意的求什麼事，我在天上的父，必為他們成全，因為無論在哪裡，有二、三個人中的聚會，那你就在他們中間！

周天成先生現今世界羽球排名第二，這是多麼榮耀的成績，曾有人問他：「當你遭遇挫敗、輸球的時候，心中一定會自我懷疑，那時的你，是怎麼跟上帝相處的呢？當你對上帝產生懷疑，或遇到類似狀況時，你是怎麼去克服的呢？」

他回答：「輸球時當然很難過，不知道大家有沒有看最近的羽球賽？那時我已經連續參加了三個賽事，第四場比賽辦在台北，我當時覺得自己的體力透支，拼盡全力才拿到兩個賽末點，只要再贏一

點點，我就能獲勝，但我最後還是被打敗了。」

「我當時覺得神都讓我拿到賽末點了，卻又不讓我贏，到底是要我怎樣？我當下非常不開心，但事後認真回想，去了解神的心意後，才想，祂可能看到我快受傷了，如果再打下去，今年可能就會因為受傷收場，之後什麼比賽都不用參加了。」

試想，上帝到底為什麼要這麼做？為什麼要讓他輸呢？我覺得這是最難的地方，並非找個理由說：『啊！我可能會受傷，所以上帝就讓我輸了。』我們反而要相信上帝，試著了解祂到底要賦予我什麼？

只要禱告，心裡就會感覺平安，那個意念一進來，你就會知道神的心意在心中，這樣講可能很抽象，但大概就是這樣……你心中絕對要有信仰。

又有人問及周天成：「從小開始練習是一段很漫長的時間，你會如何鼓勵新進選手或小小運動員呢？」

他回答：「我認為要把目標放遠，我之前有去一間國小做分享，當時小朋友問我該如何在場上充滿信心？我那時便叫他試著兩天、三天不打球，甚至是長達一個禮拜，看自己到時上場比賽有沒有信心？答案肯定是沒有。所以，信心要建立在日常訓練上，平常就要累積操練，而信念、信仰和信心也是一樣的。」

可見，信心、信念是要從小開始培養的，你平常的練習與訓練，使你的身體產生結果，自然而然地充滿信心，這樣你未來在賽場上，才會真正充滿信心，而不是自我感覺良好。

因此，如果你想增加更多信心或創業致富，那就從小養成良好的態度吧！時常訓練自己的意念，再加上你對夢想、堅持目標的動力與渴望，這樣上帝便會帶領你前行；努力堅持是自己分內的職責，剩下的就靠神了。

教會的牧師有很多和頂尖運動員交流的機會，為他們禱告、講解聖經，曾有牧師

分享說，運動員在比賽時都非常辛苦，為配合比賽場地，必須從一個國家飛往另一個國家，他們有身體、比賽的壓力，甚至是家庭的壓力，若沒有一位優秀的教練帶領，該怎麼面對呢？而當時的周天成還真的沒有教練，只好跟看台上的觀眾互動，請觀眾幫他加油，形成一股支持與堅持的力量！

所以，我們要學會倚靠神，讓祂擔任我們的人生教練，筆者年輕的時候，上帝曾給予我許多機會，讓我賺很多錢，取得一般人所沒有的成功，但我最後還是把賺到的錢全燒光了，商業周刊曾有段報導提到「趁早學習失敗」，我便在小天的身上看到這點，在他身上看見要學習失敗，當你學習面對失敗之後，才能迎接下一個挑戰，而且是更大的挑戰；即使不被看好，在環境、狀況最糟的時候，也要專注把手上的事情做好，有方向、有信仰的前行。

1 要有盼望的專注當下

在這麼糟、如此沒有盼望的世代裡，不知道未來會發生什麼事，看看政治、教育，再看看經濟，各地股市動盪，虛擬貨幣也大跌，但我們可以從周天成弟兄身上學到一課，他說有次在印尼比賽時，場外的觀眾很吵，吵得他聽不到任何聲音，打羽球的人都知道，觀眾在場邊呼喊，可能對選手產生影響，不論好壞，只要選手過於介意群眾的反應，就可能導致輸球！

你知道「當下」有其他不同的解釋嗎？更多「當下」的定義就在新絲路視頻──〈3-1 佛教之起源與東傳〉

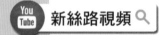
新絲路視頻

但周天成並沒有受到影響，他專注在每顆球的處理上，只聽得見羽球跟風結合的聲音，他「專注當下」；所以，你也要在自己的生命、環境中突圍，願周天成身上的那份專注在我們身上。

我知道現在的社會，有很多事情可以抱怨，仔細想想，很多事都會讓我們不爽，對不對？但你可以選擇隨風起舞，也可以選擇專注在處理該事情上，在這個時代我們要學習這個能力，專注當下！

② 在他身上看到宇宙

周天成每次輸球時，不是問教練、也不是問他的物理治療師，那他是問誰？問神！神啊！怎麼會這樣，你把我到帶進這裡、打到這邊，為什麼又讓我輸呢？然後上帝會用非常微弱的意念，告訴他為什麼有人會不斷進步？為什麼有人永遠停在原地，有人卻不斷退步？

不斷退步的人，他們沒有與神親密的能力，他們沒有辦法回到內心深處，跟自己對話、跟神對話，不明白神真的會與我們對話！我所看過的卓越人士，絕大多數都有這樣的能力，所以我們要學會與神維持親密關係的能力！請祝福自己，告訴自己：「我要跟神有親密的關係！」

③ 看重信仰神的團隊

我還在周天成身上看見一個重視教會的態度。很多成功人士，他們成功後都會瞬間產生很多理由推託：「我很忙，所以不能參與教會的聚會。」或是你找他分享，他會回說：「我很忙，而且不知道要分享什麼！」但周天成始終把教會放在第一位，他不管到哪裡都會去找當地的教會，就算沒有教會也沒關係，因為他在哪裡禱告，那裡就是教會！經文跟我們分享，他在哪裡，兩、三人同心合意，他們同心的捆綁，同心的釋放，天上跟地下要一同連線，因此我看到他對教會的看重！

一個人之所以不一樣，跟你所處的環境、跟誰交往都有關係，請想想你身邊都是什麼人？我不敢說基督教的教會裡面都是好人，不一定！教會裡面也有些人可能是壞人，但至少大多數是單純的，因為他們想要跟隨神，這樣的動力會把大家一起帶到神面前去；可是如果你結交的人是奇奇怪怪，每天不知道要幹嘛，整天都在外面玩、過一些很揮霍的生活，那你休想成為成功的人！

老祖先的智慧非常清楚，俗話說近朱者赤，近墨者黑，我也不敢說教會裡面都是很棒的人，可是教會裡至少有一個氛圍，大伙兒彼此都想離上帝更近一些，這個氛圍能讓你越來越好，越來越突破。

而周天成身上還有三個能力，我希望你學到……

第一個 專注當下。不要抱怨這個環境，不要再想過去的失敗，不要幻想還沒有發生的未來，很多人都活在這兩個極端，不是抱怨以前發生的事，要不就是幻想還沒發生的事，每天過得渾渾噩噩，因此，請務必專注處理眼前的事。

第二個 跟神維持最親密的關係，學習跟神對話，然後看中祂，神就會不斷的帶領你。

第三個 看重神的教會。教會有一個氛圍是一般社會所沒有的，那就是：願意承認自己的問題！

世上的人總覺得自己沒問題！自己很厲害！每個人都會裝樣子，但教會的夥伴不會，大家願意把面具拿下來，然後誠實地跟上帝說：「上帝！我們想要跟你一樣，但我們能力不足，願你幫助我。」

所以這個時候我們才可以經歷上帝的美好！就像約翰·哈佛先生一樣，禱告獲得成功人士身上的那些恩賜，得勝的關鍵都可以複製在我們身上！有時候最難搞的是基督徒，真的！你跟他談《聖經》，他當然可以跟你談，但你跟他談別的事情的時候，他卻跟你講聖經，有時候我們所看到的部分基督徒，他們反而不會像一般員工那樣盡心竭力，願意顧及團隊、願意付出啊！

如果環境跟決定，可以影響我們的一生，那關鍵到底是什麼？哪些因素和機遇會改變我們的一生？我覺得這個很重要，常有人問我：「你是怎麼做決定的？」我的答案是——傳承！我不管到哪裡、在哪裡工作，我一定會在那裡建立團隊，且我對於自己這些年的選擇，從沒有懷疑或後悔過，簡單幾個關鍵與各位分享。

關鍵一 你的心對不對？明明別人這樣做是犯法的，但你心裡卻沒有絲毫不安？或覺得這個選擇無傷大雅？只要自己不是這樣就好。

關鍵二 信仰優先，工作其次。

關鍵三 如何遇見貴人？如何遇見好的機會？先讓自己成為貴人會看重的人，唯有讓自己成為別人的機會，才能被他人所看見。

關鍵四 《哥羅西書》有段話我謹記在心：「無論做什麼，都要從心裡做，你是為主做，不是給人做的。」

筆者是屏東人，我猶記得到臺北打拼的第一份工作，一天要工作 12 個小時，老闆要我做什麼我就做什麼，拖地板、洗地板、洗機器，然後清洗魚缸，要乾淨到可以躺在裡邊睡覺；下班又到老闆家接著做，但也因為這樣，老闆非常喜歡我，我也才會有後面新加坡的故事。

所以，我們永遠要記得……隨時把自己準備好，在路上遇到的人，都有可能是你的貴人；再者，基督徒有件很重要的事，就是做金錢的主人，尤其是在職場上。這不能等到發生時才開始操練，你現在就要開始練習做金錢的管家，《聖經》上講得非常清楚，在講到錢的時候，要用大事、小事來形容，你在小事上忠心，在大事上才會忠心，也就是說，聖經認為金錢是小事，但它會決定你能否在大事上忠心，這才是最重要的。

我們家其實非常窮，但我得感謝上帝，平時在金錢上，我就知道要做金錢的管家，時時提醒自己不可以侍奉「瑪門」兩個字，這樣我們就可以在關鍵時候面對試探，否則我搞不好早已身敗名裂，在這件事上，我覺得神可能保守了些。

然後，注意職場上要遠離混亂的男女關係，筆者就曾深受其害，相信在職場奮鬥的讀者們，可以了解我指的男女關係可能帶來何等的負面傷害。我前幾天才跟我的女下屬聊，我問她結婚沒？她說沒有。我說那妳知道我結婚了沒？我很直接地問她：「妳千萬不要以為我只是妳的主管，認為我是在關心妳，更不要誤以為我是來幫助妳的，不管我是不是主管，我都是一名男人。」

同等地，即便我身為男性，也可能身處危險之中，並不是說她會對我怎樣，但這就是我的原則。我身為主管，一定會需要約談或跟同仁開會，如果我必須找女性同仁在辦公室面談，我一定會再找第三人或是她的直屬主管；假如這件事只能一對一溝通

時，那我一定不會把門關起來。我覺得這件事是很多人在職場跌倒的原因，百億富豪劉強東也因此吃過悶虧。

你還要培養同理心，並過上真正的教會生活，如果你想在職場卓越，你最好成為基督徒，當你開始過著基督徒的生活時，就等於贏在起跑線上，因為你一心想服侍、想維持跟神的關係。

你知道讀經這件事嗎？很多人都會覺得要養成運動的習慣很難，對不對？但你知道嗎，其實持續且穩定的讀經，比每天運動更難，所以，當我們養成一個持續穩定的讀經生活時，就代表我們已經培養好毅力與耐力。

《聖經》裡有很多關於做領袖、帶團隊、打交道的故事，你在讀的時候，那些話、那些人的榜樣放在你的心裡，能讓你在工作上隨時應用。你在讀經的時候，有些話你可能會覺得非常有感覺、甚至無法接受，但它會漸漸修正、調整你的行為處事；所以，如果你能每天用 30 分鐘的時間讀經，你就很容易重複、再重複。那你知道讀經還可以操練什麼嗎？

在讀經的過程中，你要禱告，所以你會開始去記別人說過什麼？需要禱告什麼？而禱告之後，你肯定會看神的作為或指示，所以必須記錄下來。

你認為記錄、驗證在職場上重不重要？非常重要。平時工作開會的時候，很多人會把會議記錄丟到垃圾桶，因為不知道重點在哪裡，或者別人講的話都沒有聽清楚；但禱告不一樣，它可以讓我們經歷上帝的啟發，讓我們忽然充滿靈感、有想法，知道事情接下來該怎麼做。

一位安靜的人，忙亂的時候很容易能冷靜下來，遇到事情的時候比較不會慌，比較有條理，一般我們最常犯的錯誤就是「直覺判斷」，直接下定論或評斷別人的行為。而讀經這件事，可以幫助我們在聽見、看見一件事的時候，從不同角度去思考，這在職場上是很關鍵的能力。你知道應屆畢業生最喜歡在履歷上寫什麼？答案就是社團。

因為很多人都告訴他們一定要將社團經驗寫在履歷上，但老實講，以我們這種資歷，面試、錄用過的員工不計其數，只要簡單問幾個問題，就能知道他參加社團活動時，到底是用心參與還是為了打發時光？

在教會裡面，我們都會非常認真地想做好每個細節，而且長時間做。如果這個人可以做到小組長，基本上我認為他是有擔當、可以步入婚姻，內心是成熟的，因為做到一個小組長，代表他知道如何在小組裡關心人，知道如何去幫助、對待一個人，我覺得那個成熟度是足以經營婚姻的；所以，如果你要結婚，你就要在教會擔任小組長，以此證明自己，我覺得這個非常有用，我非常感謝上帝。因此，我也鼓勵弟兄姊妹和各位讀者，如果你想在職場上榮耀神，就要先把基督徒生活做好。

你必須有一個醒知說：「神！我永遠把你擺第一！」不用害怕，我聽過太多見證，擁有一個很好的機會，要去一間大公司上班，但只要禮拜天必須工作，他立刻辭掉工作，因為他知道即便沒有這份工作，只要虔誠，上帝便能給他最好的。

你看我以前是個爛人，爛到底，直到有一天我做了一個決定，我想要好好改變我的生活，我要神，不要靠自己！神很奇妙地把我醫治，扶著我慢慢走，至今仍在操練著我，所以，我現在再把上帝的禮物送給你，一份神奇的祝福，只要抓住祂、相信祂，求神改變我們，你就能像我一樣產生改變！

我是成資國際的總經理 Aaron，在這裡很誠心地跟你們分享，祝福各位，謝謝！

⚡ Week 2　選擇正確的方向

　　接著，要談談有關對的方向與藍圖，在選擇對的方向前你必須要有藍圖，有了藍圖後，你才能確定自己走在正確的方向；而這個正確的方向，有四個很重要的大項及一個中心思想，且這個中心思想便是你真正的信仰。

　　既然自然法則是平衡豐盛，那平衡的層次當然與精神、知識教育、學習成長有關，也包括財務及娛樂方面，因為平衡豐盛才是這個宇宙、萬物真正要的。那筆者現在就分別來探討這四個領域。

　　第一個領域是有關精神，也就是我們的心靈，我們都知道獲取財務自由，過著平衡豐盛的生活才是我們要的，但真理到底是什麼？

　　1636 年約翰‧哈佛（John Harvard）牧師創立哈佛大學，目的是建立一所世上最具影響力的學校，那什麼樣的教育方式，才能建立起偉大的學校呢？為了這個，他們的校訓只有兩條：追求真理、榮耀基督。

　　為什麼追求真理那麼重要？因為如果你不了解真理，就好比你不了解什麼是財富、什麼是成功，那後面所談的一切，便跟你沒有直接關係，你只是被一個數字或生活上的物質迷惑，然後盲目地追求而已。

　　在柏拉圖的著作《理想國》裡，也同樣提出這點討論，他說當我們心靈的眼睛，被真理和真實照耀的時候，心靈便會自動理解真理、認識真實，明確地擁有智慧；但心靈的眼睛，如果凝視著昏暗、多變墮落的世界，心靈只能形成一些偏見，心靈的視野混亂，見解就會飄忽不定，更意味著智慧的缺失。

　　你可以試想，這些聽起來很文藝的文字，它的層次到底多深？到底在向我們表達什麼？《聖經》告訴我們，智慧從敬畏耶和華開始，對我們未知的心存敬畏，你才能具有所謂的智慧，智慧是從造物主來的。

對約翰‧哈佛先生而言，倘若原先沒有那本《黑皮聖經》支持著他、引導他走在正確的中道上，朝著正確的方向，那他一定不知道該怎麼辦，因為當時對新大陸是陌生的，大眾普遍認為那是一個危險的未知數。

《聖經》記載著古代有位智慧的君主所羅門王，他仲裁兩位婦女爭搶小孩的事件。原先有兩名嬰兒誕生，但其中一名嬰兒被壓死了，兩位婦人都宣稱活著的孩子是自己的，那到底誰才是孩子的親生母親？在當時那個年代，沒有血緣檢測的技術，無法經由DNA 確認，所以只好請充滿智慧的所羅門王評斷。

所羅門王說：「既然這麼難分難解，乾脆把孩子切成兩半，一人一半就解決了！」

A 婦女說：「噢，王啊！那這個孩子就給 B 婦女吧，如果把孩子切成一半，他就不能活了，我實在捨不得。」

B 婦女在旁附和：「好啊！好啊！不然就一人一半好了。」

所羅門王聽到這話，就說：「我們終於找到孩子真正的媽媽了！是 A 婦女！」

有人便問他：「為什麼你這麼有智慧呢？」

所羅門王回道：「這是從最敬畏的神『耶和華』那得來的。」

我們都知道，拿《聖經》的人都會從禱告和經文中找尋答案，可見信念、中心思想對他們多麼重要。

信念是一種觀點，影響著你個人的行為，且一個人看世界的本質是偶然的，沒有任何意義，像彼得杜拉克學院就曾說過，文字本身是沒有意義的，除非我們賦予它一個特殊的意涵。那這個意涵是什麼呢？

每個人的智慧不同，做出的解讀自然也不一樣，這時只能從自然法則中去找智慧、力量。你可能越看越糊塗，請跟著我思考，有沒有什麼更好的方法？文字記載有幾千年的歷史，那有沒有一些好方法，能提升我們精神上的智慧或境界呢？

筆者這邊簡單歸納出五種，你可以參考看看。

1 《聖經》記載，我們必須要晨起

日出時，我們能不能馬上起床，讀經禱告，利用早晨半小時的時間來閱讀經典，沉思、審查內心世界，自動自發地檢視自己的個人宣言，並將你一天的行程表整理好，當然，你昨天晚上就必須規劃好行程表，早上只要再審過計畫便可。

如果你善用剛起床的半小時，時間再長一點也沒關係，持續下去，你會發現自己的能量將有所提升。筆者參加的教會是宣導我們 7 點半起床讀經禱告，剛執行這項時，我也認為這是一項大挑戰，但因為這個挑戰，我更早睡覺，慢慢地，早上好像就不再需要鬧鐘了，身體知道應該什麼時候起床讀經禱告，養成固定的生理時鐘。

2 製作閱讀計畫

「書中自有顏如玉，書中自有黃金屋」，但你有閱讀的習慣嗎？筆者習慣在看書時，拿著一枝紅筆、螢光筆標註重點、抄筆記，這些習慣不是一般電子書所能取代的，也是很重要的「回饋分析法（Feedback analysis）」。

3 拒絕垃圾資訊、垃圾文化

你要有意識地拒絕那些格調不高、使人消極的圖書、電影、電視，甚至是手機視頻，尤其是恐怖片，我建議你直接刪除，這些垃圾文化會影響你的內在世界，你一定要保持內心的純淨。

4 接近並觀察大自然

每周或最少每個月親近大自然一次，可以去海邊走走，聽聽海浪的聲音；到樹林裡走走，看看露水是怎麼形成的；看看花的形狀、顏色；再聽聽小鳥是如何唱歌的，有什麼毛色不一樣的小鳥；體會大自然的旋律，感受大自然的平衡，久而久之，你就會知道生活為什麼必須保持平衡。

5 和你敬重的人保持接觸，並有立約精神

《聖經》教導我們看重人際關係，但這關係是指葡萄樹跟枝子之間的關係，而不是錢。多跟著你敬重的人，想辦法與他們接觸，從日常生活中獲取經驗，並接受他們的忠告，他們的諄諄教誨相當重要，因為他把你視為自己人，才會在你耳邊耳提面命、重複教導你。有道是良藥苦口，忠言逆耳，只要聽到逆耳的聲音，就應該靜下心來多看多聽，好好思考一下。

現在，請拿起筆記本，將下列問題與答案寫下來。

- 你對這個世界本質的看法，你怎麼給它下定義？
- 你能從造物主那獲得什麼靈感跟力量？你曾經禱告過嗎？
- 你如何安排黃金 30 分鐘？早上剛醒來及睡前 30 分鐘，最好遠離你的手機。
- 你計畫讀哪些書，來提升自己的精神境界？試著先列出書單。
- 你投身的事業有價值嗎？你的事業是為了賺錢而存在，還是你打從內心喜歡？
- 你希望達到一個什麼樣的精神境界？
- 你能做些什麼，讓這個世界變得更美麗，更美好？
- 你有什麼可以奉獻、讓人受益的事情？你正在做嗎？
- 在現今多元價值觀的時代，你是否有堅守不可改變的價值觀？你的信仰是什麼？
- 在你的精神計畫中，包含你的家庭生活嗎？在你的家庭生活裡面，你

每天透過什麼方式，來提升自己跟家人們的精神境界？

▶ 你閱讀嗎？你禱告嗎？你沉思嗎？你有觀察過大自然的變化嗎？

▶ 你每天用多少時間做這件事情？你如何提升自己的精神境界？

▶ 若要演說，你可以講些什麼？

當你有了這些提升精神方面的方法後，就可以進入財務、財富的層面，在猶太人箴言裡，也告訴我們多種的多收、少種的少收，殷勤籌畫，就能得到豐裕。財務不平衡也是導致大多數人失敗的原因，很多創業家都死在資金短缺，錢燒完了，理想還沒有完成、好的人才也沒出現。導致我們的財務不平衡的原因，有以下四個基本因素。

1 我們是否侍奉、錢財、瑪門（Mammon）？

瑪門是我們的主人？在《新約聖經》中，瑪門被用來描繪物質財富或貪婪，掌管基督教七宗罪中的貪婪，但在古敘利亞語是「財富」之意。如果金錢是你生活中唯一的目的，請問百億富豪、千億富豪他們就真的一定快樂嗎？

如果你身邊有這樣的富豪，你可以問問看，他可能會告訴你：「不一定、不盡然。」所以《聖經》上說貪財是萬惡之源，貪念財物的必喪失自身，不是說金錢不好，而是貪財不好！

2 你是不是太重面子？

華人真正的問題在於顏面、虛榮心，很多人明明沒有錢，卻喜歡打腫臉充胖子，買一些負擔不起或根本不需要的東西，僅為了滿足自己的虛榮心。

有許多年輕人濫用信用卡，購買名牌包包、車子……等奢侈品，導致負債累累，本應該用在事業的精力，被耗費在債務糾紛上。筆者以前也曾被卡債套牢，過了許久才醒悟，把所有信用卡剪掉、停掉後，才重新開始；所以，兩者其實是連在一起的，你確定錢不能主宰你？你確定面子不會影響你嗎？

3 財商知識的缺乏

有時候我們真的沒有財商（Financial Intelligence Quotient），因為學校沒有教怎麼賺錢，在處理錢財上，我們沒有基本的技巧，父母也沒有受過專業教導，以致無法獲得額外的財富，甚至可能入不敷出。

既然財務面是生活中四個面向中的一個，你就要多花一點時間，學習如何管理財務，我也是經歷破產後，才慢慢開始理解。有句話叫「大富由天，小富由儉」，那個儉，你必須要有計畫，清楚我們真正需要的是什麼，而不只是單純地想要、想節儉；理財的知識在於你的腦袋，你必須花非常多時間去學習。

4 我們到底夠不夠勤奮，夠不夠努力？

在一個公平的社會，你的收入和社會奉獻是相對的，有很多人因為懶惰，導致奉獻不足，《聖經》就已告誡這種人不要貪睡，不要因為懶散，導致貧窮。所以，我建議讀者在工作上付出的，永遠要比你得到的報酬再多一些；在小事上忠心，哪怕是簡單的灑掃或應對進退，你都要很努力才行；不只是拜訪客戶，更要把客戶視為你要保護的人，認真且真誠地對待，擁有資源及顧客後，你就能獲得財務與財富的平衡。

就以上四個基本因素，我再根據我個人的理財經驗提出七個建議，以下建議可是我的切膚之痛。

絕對不要賒帳、舉債或透支

這是大多數人破產最重要的原因，因為無法控制自己，就控制不了錢。在美國，絕大部分的人都會透過分期付款消費，像我之前有非常多的財務困擾便源於分期付款，所以，絕對不要運用這些可能影響你未來生活的槓桿操作。

有人說，投資必須建立在良性負債上，但良性負債是很抽象的，我們怎麼知道哪些項目是良性負債呢？房子是嗎？那車子呢？所以購買前，我們要先思考一下，想想自己真的需要嗎？

② 不要把所有帳單合併，個別列出繳款計畫

一般人在繳款時，容易這樣想：這家銀行欠 10 萬、別家欠 10 萬，另外那家又欠 10 萬，所以總共欠 30 萬，當然，不可能都 10 萬，這只是打個比方。

如果我們可以針對每張卡、每筆負債，設計一個獨立的清償方案，並積極和債主或銀行溝通、協調，告訴他們你的還款計畫，讓對方知道你的難處或狀況，通常都可以取得諒解，只要你認真努力的工作，他們會願意讓你用不一樣的計畫來償還債務。

③ 不要衝動消費

在現今物質充裕的社會，衝動消費已成習慣，但這個壞習慣，可能嚴重影響你的日常生活，更蠶食儲蓄和未來目標。且如果你習慣使用信用卡分期付款，導致金額過高無法清償，將影響到個人信用，因此，購物前應盡可能制定購物清單及預算規劃，避免自己購買不必要的東西。

4 建立預算表

每周花點時間安排自己的預算,並嚴格遵守它,就可以保護你這一生,不會被財政、財務方面的負債問題所影響。

而一個預算應該包含:收入計畫、支出計畫、執行的書面計畫,且它應該是由丈夫、妻子共同商定,與合夥人一同制定,並在執行後,做持續的評估。

5 養成儲蓄的習慣

《聖經》箴言提到:「智慧人家中積蓄寶物膏油;愚昧人隨得來隨吞下。」固定儲蓄的金額要大約是你收入的 1/10,根據自己的實際狀況做些調整,有很多人不明白,儲蓄不僅僅是存錢而已,儲蓄其實也是在為自己儲存機會。

6 安排你的支付順序

聰明地支配消費,筆者提供一個頗具效益的順序供你參考。

- ▶ 教會或其他慈善機構
- ▶ 儲蓄
- ▶ 保險
- ▶ 食物
- ▶ 住宅
- ▶ 其他消費

當然,你可以訂定出自己的順序,擁有一個計畫表後,你就能確實掌控你的金流,更可以準備六個存錢筒,這也是一個好方法。

7 ▶ 有智慧的投資

每月在支付完家庭的基本開銷後，你可以這樣規劃投資。

- ▶ 保險

- ▶ 存款與定存

- ▶ 投資未開發的地區，但這是長期性的投資，所以你要做好錢無法馬上回流的心理準備。

- ▶ 股票跟基金

當然，以上是我的建議，你不一定要照做，每個人的理財計畫及經濟能力都不同，但如果你真的不會，請你一定要花時間學習，因為你不是金錢的主人，就是金錢的奴隸。接著，請好好思考以下問題。

□ 認真思考一下你跟金錢之間的關係？

□ 每個月有多少收入？固定收入跟固定支出多少？

□ 收支是否平衡，是否夠用或有盈餘？需要開源或是節流嗎？

□ 支配金錢的順序是什麼？

□ 你有規劃消費預算嗎？

□ 你是否能控制好消費，不超出預算？

□ 是否常有透支的習慣？

□ 希望用錢做些什麼有價值的事？

□ 你感到財務緊張的原因是什麼？

□ 在哪些領域可以多付出一些勞動？

□ 你是否懂得財務管理？

□ 你有沒有制定財務管理的方法？

□ 你有沒有定期和家人討論財務的習慣？

□ 你目前遇到的財務問題是什麼？

□ 有想過如何去改善它嗎？

接著，我們再來談你在教育跟知識領域投入多少時間。《聖經》箴言說：「房屋因智慧建造，又因聰明立穩，其中因知識充滿各樣美好寶貴的財物。」這也是彼得・杜拉克（Peter F. Drucker）所謂的知識經濟，智慧可以讓一個人明白什麼是有價值的，並幫助他找到正確的成功方向。

教育則提供知識和技能，使一個人在前進的道路上，有能力解決所有問題，並推動其事業前進，且在教育方面，可以發現人們容易失去平衡，有以下三種常見的情形。

第一種失衡，一個人接受的教育太少了，以至於他沒有互相匹配的知識跟能力，足以完成他的使命，達成自己的目標。一般成功學的學習者，很容易出現這種不平衡的情形，普遍有兩種情況，比如家中清貧或產生變故、討厭學習，這都有可能使教育程度偏低；再者，即使一個人受過良好的教育，但在現今變化迅速的時代，個人知識跟技能沒有立即更新，就會跟不上時代的進展。

第二種失衡，一個人花過多的時間追求知識的技能及知識本身的應用。我看過太多一直上課的職業學生，但如果他只是一味地花時間學習，導致他的時間過於緊繃，根本沒有其他時間能把所學運用在工作或其他地方。

所以，無論你掌握了多淵博的知識，只要缺少應用的機會，就好比攝取許多營養品，但腸胃沒有吸收進去，反倒造成肝腎的負擔。

第三種失衡，是一個人所學的知識技能和價值方向不相干。有許多人熱衷於獲取知識，各種各樣的知識課程，他都會報名上課，但他卻沒有認真思考過，這些課程是否真的能增進他的工作或專業。

如果想達到教育平衡，應該按照以下五條原則進行安排……

1 檢視自己的價值方向，確定人生目標

請詳細寫下：為了達到這個目標，需要什麼專業知識跟技能？記住，你的目標將決定你所需要的知識技能，不是只有單純的個人喜好而已，請盡可能跟你的價值方向一致。

2 列出學習目標跟計畫

根據你需要的專業知識，設定一個預計何時達到的具體目標，又預計達到何種程度，然後再制定計畫，一步步實現它。

3 實際運用知識

你所學的知識只有透過實踐、經過運用，才會變成你的，要不然還是老師的。

4 培養終身學習與終身閱讀的習慣

對於自己的專業知識領域具備敏銳度，保證自己不會因大環境的變化而落後。

接下來，請再拿起筆寫下你的行動。

- ▶ 實現人生目標，需要哪些專業知識跟技能？
- ▶ 專業知識跟技能能否讓你勝任目前的工作？為什麼？
- ▶ 如果你目前的知識不能勝任，請思考是哪些知識和技能的儲備不夠？
- ▶ 是否有明確的學習計畫，包括學習目標、時間的安排，還有進度的檢查？
- ▶ 列出你現在最想掌握的知識跟技能？這會是未來趨勢嗎？
- ▶ 是否有助於你的價值實現？
- ▶ 是否能幫助到家人、合夥人？若可以，請制定一個教育計畫。
- ▶ 花一點時間與合夥人、家人討論教育計畫，並寫下來。

　　以上這些，只要用心制定，且共同遵守，彼此都相當重視的話，未來必定會取得一個完美的結果。

5 休閒娛樂

　　《聖經》箴言裡說：「流淚撒種的必歡呼收割。」美國俚語也有提到：「all work and no play（makes Jack a dull boy）.」all work 就是一直工作，No play 沒有娛樂，會讓聰明的孩子也變傻，可見休閒娛樂的重要性，它是我們辛勤工作後的一種獎賞。

　　《聖經》說，那種帶著眼淚流出去的辛勤工作，必要歡喜帶著豐盛的收穫回來。一個恰到好處的休閒娛樂，不僅可以放鬆大腦跟身體，還可以讓我們進行充電，使我們有更靈活的頭腦和充沛的精力。

　　在第二次世界大戰期間，英國在面臨希特勒軍隊所帶來的壓力時，英國內閣成員常在緊張的會議中度過，為了舒緩情緒，他們會玩一些小朋友的遊戲，彼此像小朋友般惡作劇，讓緊繃的神經能稍微舒張開來。

　　從心理學的角度來看，一個人若承受過重的壓力，無法得到釋放的話，他是扛不住的，精神障礙、身體疾病都會接踵而來，現在罹患癌症的人之所以那麼多，便是和壓力有關。

　　休閒娛樂對一個人來說有三個主要的作用……

　　▶ 鬆弛緊張的思緒，讓頭腦放鬆，儲備更多能量。

　　▶ 有益於身體健康，保持積極的活力。

　　▶ 可以享受親情、友情，有助於我們建立一個和諧的人際關係。

　　上帝相當看重人際關係，人與人之間、枝子與枝幹的連接關係。在休閒娛樂方面，有些人花了太多的時間跟金錢，他們不明白娛樂是一種獎賞，是辛勤工作後，對我們身心的一種安慰。也有句話說：「一天勞作，得一夜安眠；一生勤奮，享永久安寧。」

　　另外一種人則稱為工作狂，他的生命中只有三件事，第一件叫工作，第二件叫工作，第三件還是工作。他沒有休閒娛樂，導致腦袋慢慢僵化，健康也因此受到損害；也沒有時間跟家人、朋友相處，彼此變得陌生，最後僅剩他一人。

　　一個人在娛樂方面，最好要做到三個平衡的判斷……

1 頭腦清醒，富有創造力

　　當一個人不能將專注力、注意力集中在他的目標上，並且不再覺得工作是一種樂趣，而是迫不得已時，他就需要休息、放鬆一下他的頭腦，花點力氣，做些體力方面的運動，或放鬆心情的益智遊戲，下圍棋、跳棋，都是放鬆頭腦的好方法，但不要太注意輸贏。

2 是否感到精力充沛，身體舒適？

　　在各種各樣的健康教育中心，幾乎都有一個共同的結論：健康，除了要有積極的態度外，還要依科學根據來攝取營養，更要做一些有氧運動，當然，最重要的是你有沒有一個堅定的信仰，時常禱告也會讓你身體健康。

3 享受親情友情

　　在安排休閒娛樂時，不要忘了跟家人朋友夥伴一起共度美好時光，這樣不僅有助放鬆身心，還能讓你的情感需求得到滿足。

　　請再拿筆記錄一下。

- 你每天花多少時間在休閒娛樂上？每天都有記得要放鬆嗎？

- 空閒時，你最喜歡做的三件事是什麼？寫四、五件也沒有關係，但最少要寫三件。

- 這些事情是否有助於你頭腦保持清醒，讓你更有創造力，保持身體健康，並享受親情、友情？還是你花了許多時間在因為運動而運動，為娛樂而娛樂呢？卡拉OK我個人不是非常贊同，因為那場所太封閉，空氣通常不好。

- 當你感到工作疲憊時，你會用什麼方法來釋放工作中的壓力？

- 你目前的飲食習慣有哪些優點，哪些不足？你都吃些什麼？

- 是否有健身計畫？雖然不是要你練出人魚線、六塊肌，但不要過度放縱，讓自己的體重直線上升。

- 多久安排一次休閒活動？

- 放假的時候，你通常都是在家休息？還是跟朋友一起玩？抑或是跑去旅遊？還有沒有其他的呢？

你可以從有關的資料中，查找你現在的年齡應具備哪些運動素養、素質，然後測試一下自己的成績，像筆者現在快60歲，就不適合做年輕人的運動，所以，你現在幾歲呢，你最適合做什麼？

至於需不需要加入俱樂部，看你自己，需不需要去打高爾夫球，見仁見智，不是每個人都一定要這麼做；每個人不一樣，得到的結果自然也不一樣。

這周有非常多的內容必須思考，但你最終要貫穿這四個領域的軸心──擁有一個虔誠又堅實的信仰。因為架構在這個信仰基礎上，我們才不會為錢所用，才不會因為玩樂而玩樂，才不會因為學習而學習，不因為別人說提升什麼，我們才跟著提升什麼。

若因為要學習、充實自己，我們

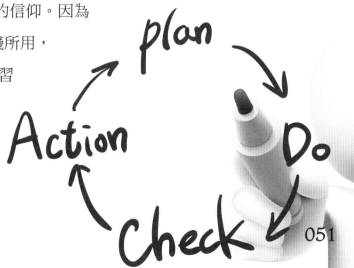

才去上什麼樣的課，這都不是我們真正需要的，我們需要的是心中內在堅實的信仰；好比當年約翰，哈佛（John Harvard），他為了要榮耀基督，所以才創立哈佛大學，不是為了成就自己。

我是成資國際的總經理 Aaron，在這裡很忠心的跟你們分享，這也是我一路走來的喜樂及苦痛，謝謝！

Week 3　平衡生活的修練

「建造智慧房屋必須要有七根柱子。」這是《聖經》箴言告訴我們的,那這七根柱子是什麼呢?

　　☐ 第一根柱子,信念(Belief)。

　　☐ 第二根柱子,效率(Efficiency)。

　　☐ 第三根柱子,自律(Controls)。

　　☐ 第四根柱子,自然、和諧(Natural)。

　　☐ 第五根柱子,始終如一、堅持到底(Always)。

　　☐ 第六根柱子,愛(Love)。

　　☐ 第七根柱子,行動(Action)。

　　從前有名國王立誓要修建出一座全世界最堅固的宮殿,於是他向全國頒布公告,只要能替他造出世上最堅固的房子,就能獲得巨額獎賞。公告一貼出,有無數的工匠、巧匠都來挑戰,建築師也來一展所長,國王興致勃勃地向他們做問卷、面談,但都不甚滿意,認為他們絲毫沒有創新之處,無法蓋出全世界最堅固的房子。

　　直到某天,有位叫巴倫斯(Balance)的老人來找國王,國王看他年紀也不小了,就好奇地問:「老人家,你看起來年紀很大了,你憑什麼認為自己能蓋出全世界最堅固的房子呢?」

　　巴倫斯回答:「我專門修建全世界最堅實的房子,我有七個兒子,分別是

信念、行動、愛心、始終如一、堅持到底、自然和諧、自律以及效率，它們能建造出七根柱子，而這七根柱子就足以支撐起世上最穩固的房子。」

國王聽完，說：「啊！你找到了最正確的方法，你和你那七個兒子將得到我的獎賞。」

當然，巴倫斯所要建造的房子並非建在地上，而是要蓋在天上，建築在人們心中。雖然世上只有少數人認為自己是平衡、喜樂且平安的，但這不代表「平衡、得勝成功」便難以達成。因此，你要早點認識並接受這平衡喜樂的七項修練，你就能得到全世界最堅固的房子，享受平安喜樂所帶來的平衡生活，獲取得勝成功。現在，我們就一一來討論這七根柱子吧！

1 信仰（Belief）

我們先討論第一根柱子「信念」，它是建造平衡喜樂之屋的主要樑柱；而信念可以分成兩個面向，一方面是信仰，另一方面則是自信。

我們的生活都被一個至高掌權的造物主所管控，祂擁有比你更強的能力、更高的智慧，且祂在你的生命中預備一個很美好的計畫，希望你能擁有得勝成功的生活，得到一個幸福快樂、美滿的人生，你的一切都要是順利的，你要做的只有相信，按照信仰來過生活。

所以，一個人的信念越大，他的成就就越大；沒有信仰的人是可怕的，無法前進，心中沒有敬畏。行事沒有底線，就像一條河容易滿出來，造成河床跟周圍淹水，產生不可估計的損失，像近年極端天氣，釀成各地的風災、水災，你就知道沒有信仰有多可怕。

一個人沒有信仰，就等於沒有一個根本的標準來判斷善惡好壞，在沒有信仰的人看來，一切都是相對的。信仰讓我們在多元價值的社會有個座標，以確保自己不會迷失方向；民主的社會也一樣，看似自由，但如果你沒有信仰，你就不是真的享有自由。

而信念另一面的強烈自信，相信自己具備足夠的天分和能力去達成目標；你要相信這些天分、恩賜都是上帝幫我們準備好的，自信滿溢的人心裡，沒有不可能三個字，因為我們的「也許、不能」，在造物主眼中都是可能的。

那一個人的信心到底有多強大呢？我們來看看，全世界最強大的一個男人和女人。那個女人，只要說出她的名字，大家一定都曉得，她生前常開玩笑問世上有誰可以在最短的時間內，動用最多現金？

大部分人的答案可能都是世界首富，但這是錯的，因為答案是世上最強大的女人——德蕾莎修女（Mather Teresa）。她可以在最短的時間內，募集到她所需的資金，因為大家都相信她的信仰、信念，連她拿到諾貝爾獎牌，都可以隨時且馬上將獎牌拍賣掉，換取現金捐助、賑災，可見她的信念、信仰有多強。

而世上最有自信的男人是誰？他起初一點都不起眼，人生還有點悲慘，一直到後面才漸入佳境，我們來看看他有多悲慘吧。

☐ 1831 年，做生意失敗。

☐ 1832 年，競選美國州議員失敗。

☐ 1833 年，第二次生意破產，花了 17 年還債，人生沒有最慘，只有更慘。

☐ 1836 年，婚姻失敗。

☐ 1838 年，成為一名職業演說家，但也失敗了，因為沒有人支持他的外貌和演講內容。

☐ 1843 年，再次競選眾議員，以失敗收場。

☐ 1848 年，三度競選眾議員還是失敗。

☐ 1855 年，競選參議員也失敗。

☐ 1856 年，競選副總統失敗，當時搭檔的總統大概會覺得怎麼會選他？選別人可能會比較好一點，從此再也沒有人找他一起選副總統。

☐ 1858 年，競選參議員又失敗。

但你知道嗎？在經過兩年後，這個人在 1860 年競選上美國總統，而他就是——

亞伯拉罕 • 林肯（Abraham Lincoln）。

所以，請讓信仰成為你人生的最高標準，筆者這邊提供四個方法，幫助你理解信仰。

□ 你要認識且承認自己的能力是有限的，每個人的能力、智慧和時間都是有限的。每當林肯走投無路的時候，他就會雙膝跪下，祈求聖靈引導他，向主表示自己擁有的智慧跟才能遠遠不夠，祈求主的協助。

□ 和大自然對話，仰望星空，細細觀察生命的奇妙，體會那個神聖感，你會聽到內心那個造物主，給你的應許、給你的聲音。

□ 閱讀與信仰有關的書籍。

□ 和有信仰的人交流，並找一位有堅實信仰的導師。

回憶一下，在你無助的時候，你有沒有祈求過老天爺？是否有過請求上帝幫助你的經歷呢？那祂又是怎麼回應你的？想一下，在繁星滿天的夜晚，凝視天空，你可認真思考過，我們存在的意義是什麼？我們有沒有犯過什麼不可原諒的錯誤？是否跟我一樣，曾在年少輕狂時，犯下一連串的錯誤呢？

如果有個愛你的人說，他可以承擔你所有的錯誤、甚至是所有的懲罰，因為沒有把你教好、帶好，是他的責任。這時你會怎麼回應他呢？在你的內心深處，你相信什麼樣的原則？什麼樣的愛是永不變質的呢？你閱讀過信仰有關的書籍嗎？還是你身邊曾有人跟你介紹過《聖經》，或帶你去教會呢？

再來，發展出一種建立高度自信的方法，讓自己有強烈的信心，你可以用下面兩個方法做做看。

第一，確定自己的使命。使命越遠大，信心越強烈，你要靜下心來，認真地去了解，聽聽內在及上帝的聲音，你的使命到底是什麼？也許你年輕尚輕，所以還不了解，沒有關係，因為管理學大師彼得 • 杜拉克（Peter F. Drucker）也是一直到 45 歲，才

隱約知道自己一生的命定是什麼，但你千萬記得要時時把問題放在心上。

第二，自我克制。當你的理性控制了欲望，你會擁有強勁的力量，感覺到它的存在，去感受每次行事正確或全力以赴時的那種感覺，記住那種感覺，把它放在心上，常常握拳說：「噢，Yes！」並摸摸你的腦袋，告訴自己這是有錢人的腦袋。

你先自我控制腦袋、嘴巴，跟你想要表現出來的那個強而有力的肢體動作，你就可以進入巔峰的體驗。馬斯洛（Abraham Harold Maslow）說：「一個人需要不斷有巔峰的體驗，才能保證自己的精神強大；把大目標設定成若干小目標，你才有機會完成。」

比如說 1 年，那你可以把它切割成 12 個月，每一個月有 30 天，你可以再把它分成 4 周或 30 分之一，而每個時段你都要體驗你那強而有力的巔峰狀態，有任何一件值得慶祝的事情，就歡呼、大喊 Yes。

如果你感覺自己的能量一點點下降，就找一個人讚美，或讚美天氣，讚美造物主，讚美世上的一切，用積極的態度與周遭的人相處，真誠地讚美、歡呼，你將產生一種能量，而這能量越多，你的自信就越高。

當然，最重要的還是禱告、求助，你可以想像在 1636 年，當初新大陸還沒有哈佛大學，美國還未建國的時候，那些搭乘五月花號的清教徒們，要用什麼樣的信念往前走下去，如何度過困難的寒冬？你就可以發自內心地感受那最真誠的讚美，以及歡呼的聲音跟能量，讓你保持在巔峰的狀態。

最後，請記下別人對你的評價。回想一下你過往獲得的成就，在你學生時期，有沒有什麼輝煌的成績？不管小學、初中、高中或大學，出社會工作後，有沒有主管、同事或是誰稱讚過你，寫下別人對你的正面評價及讚賞，再寫下你經歷過什麼成功、得勝，哪次讓你印象最深刻？又有哪次失敗最刻骨銘心。

你有沒有想過自己失敗在哪裡？回憶那個時候是什麼樣的狀態呢？有沒有因為無法控制情緒，而做了違背原則及信仰的事呢？又或是哪次成功自我控制，讓你感到充滿力量，把那次抓在心裡，再次強化，告訴自己做的非常好！

2 行動（Action）

接著，我們來談行動，俗話說「Action is power 行動產生力量」，有位具有威望的基督徒曾說，不要在人生日落時分，才發現自己什麼有價值的事都沒有完成過，你能想像自己回顧一生時，只剩下空虛與絕望或年老的恐懼嗎？

請忘掉你的年齡、身分、地位，以及國籍、種族、膚色，發自內心地想，你到底想從生活中得到什麼，然後認真地追求、禱告、尋求，你絕對不會因為太老、太年輕而無法開始，行動可以把你的夢想都變為事實。

這世上有成千上萬的好創意、好點子，只要能撿起其中一個，並把它變成現實，就是無價之寶，而你也能成為這樣一個人，只要你願意、相信自己可以做到，跟林肯一樣屈膝跪下來，向宇宙無敵的造物主祈求，你就絕對能得到。所以，行動、行動、再行動，現在請馬上行動。

在行動中最常見的兩個陷阱，第一個是遲疑不決、拖延，有多少人空有一番抱負、決心、創意和創新，最終卻一事無成，因為他們相信時間總是會有的，直到有天發現自己其實沒有時間實現偉大的抱負時，才突然驚醒；所以，絕對不要讓拖延、猶豫不決成為你行動時的障礙，請克服第一個拖延的陷阱。

第二個則是方向不一致，有的人看起來從沒有停過行動的腳步，但他們卻沒有獲得同等的成就，原因在於他們的方向時常改變，他可能會做好幾項不同的事，並認為自己絕對可以做到，但其實不然。

一個人如果盡其一生只做一件事，他會被後人歸類為一名偉大的人物，你可以看看那些科學家、藝術家，他們一生通常都只做一件事，而且一開始就認定方向；有些聰明的人，有很多方向可以尋找，有很多不錯的創意跟創新可以做，但他們年老之時，往往一事無成，所以……

◎ 克服自己拖延的壞毛病，現在立刻馬上行動。

◎ 集中焦點，聚焦方向，讓神的力量幫你開道，開江河。

好，接著我們要培養積極行動的方法。第一是確定行動方向，保證自己行走於正確的方向，你不能明明要到北京，卻一直往南走。

第二，行動要有計畫，好比建造一座大樓，必須按照藍圖進行施工，一個人應盡可能地按計畫行動，就像你決定要去旅行，勢必得先考慮要用什麼交通工具，坐飛機、高鐵，還是搭乘火車、客運，抑或是自行開車。

第三，是行動者的效率，同樣是行動，有的人事半功倍，有的人卻事倍功半，這是為什麼？請提高行動效率，掌握一些時間管理的技巧，借由回饋分析法、時間分配法與實際管理法來協助你，思考怎麼樣的行動更有效率，時間是有限的，你只能想辦法最有效地分配時間。

第四，將你的行動計畫告訴長輩、朋友，讓他們在旁督促你。同伴、同事的力量，有時反而是另一種協助，甚至是一個很好的陪伴。

第五，每天晚上睡覺前，檢查你今天是否有積極行動、執行，並再確認一次明天的行動計畫。

好，請拿起筆，自行評價一下你屬於哪種類型？

◎ 有了方向跟目標，就會立即付諸行動的人。

◎ 有了方向、目標卻總是拖拖拉拉。

◎ 只管理大事，不管理小事，只管埋頭苦幹，不認真計畫未來。

◎ 沒有目標，也沒有行動。

　　想想，在你的人生經歷中有哪件事，是因為你馬上行動，而成功的？若有想到，你就握拳，然後跟自己說 Yes，摸摸你的腦袋，說這是有錢人的腦袋。再想想，你當時為什麼會立即行動？在生活中有因為哪幾次拖延，而造成不良的後果？你的損失有多大？你又為什麼猶豫不決？

　　你有做計畫的習慣嗎？你的行事曆通常以多長時間為單位，是 5 分鐘、15 分鐘、30 分鐘，還是一小時呢？是否有拖延、遲到的習慣？若有會議或需要赴約，每十次有幾次會遲到、沒有準時抵達？若要不再遲到，你準備採取什麼措施？

　　請認真思考，想到就把它寫下來。筆者想傳達一個觀念，這本書其實只能算半本，若想變成完整一本的內容，你就要將書中所有問題的答案寫下來，這樣你才能確實改變、得勝成功，成為獨一無二的個體。

　　那我為什麼要請你動手、動腦、思考？這就要接著討論第三根柱子——愛。

3 愛（Love）

　　在造物主、上帝那裡，對我們都有一個美好的計畫，有個無限的愛。所以，在每個人的平衡生活中，都有一個很重要的內容，需要付出時間、品質，給自己和家人追求精神財富，這也是四個領域的平衡中，必須優先考量的。

　　我們通常會把信仰跟教會活動排第一，家庭家人的需求排第二，再來才是我們的事業夥伴。在彼此的關係中，愛是一個基礎，因為你愛他們，才會願意把自己的時間分配給這些人，包含家人、配偶，還有其他你關心的人。

　　如果一個人缺乏愛，他就不會樂意付出自己的時間；如果一個人的愛是不足、匱乏的，他就不會認真去愛別人。而這個愛是從哪裡來？有時候原生家庭帶給我們潛意識很多的困擾，可是我們卻不自知。

雖然愛可能是人們生活中使用頻率最高的名詞，但不是每個人都能解釋出什麼是愛，愛有什麼樣的內容？在《聖經》裡偉大的使徒「保羅」，他曾這麼描述：「愛是恆久忍耐，又有恩慈，愛是不嫉妒，愛是不自誇，不張狂，不作害羞的事；不求自己的益處，不輕易發怒，不計算人家的惡，不喜歡不義，只喜歡真理；凡事包容，凡事相信，凡事盼望，凡事忍耐，凡事要忍耐，愛是永不止息。」

一個具備愛心的人，他通常有幾個途徑來獲得愛的力量。第一個是他的信仰，我相信自己是被愛的，被偉大的天父所愛，所以願意付出愛，又因為接受很多滿溢的愛，所以樂意分享出來。

一個人如果沒有信仰，就像沒有源頭的死海，即使有水流出來，也不會持續太久，所以你必須要有一個像水龍頭一樣的愛，隨時打開都能產生愛，而那個最源頭的神、信仰就是給你的愛。這也是為什麼當年會有感恩節，就是因為印第安人把火雞、食物及生活技能，交給了當時的基督徒，那時候是充滿愛的。

第二，理解你所愛的人是唯一的，只要想到每個生命都是獨一無二的，你就會尊重這個生命。自人類誕生以來，現已有成千上萬、上億的生命，但沒有一個人和你所愛相同，沒有一個人跟你是一樣的，你一定會有一種對生命的敬畏感，激發出一種強烈的責任感，對，就是責任感，所以請你珍惜所愛，也珍惜那些愛你的人。

第三，學習無條件的愛。這可能有點困難，因為絕大多數認為自己有愛的人，都經不起無條件的檢查。現實中，我們很多愛都是有條件的，像是因為小孩乖，所以我們愛，因為誰聽話，所以我們愛，而生活中又有三種類型的愛。

▶ 有條件的愛：像你考了一百分，爸爸就愛你；你考了第幾名，媽媽就帶你去吃冰淇淋，非常愛你；如果你同意我的要求，我就愛你。這種類型的愛，是如果你付出，我就愛，講白一點，就是一種交換的愛，持有這種觀念的人總是要求別人先付出，一旦對方沒有付出，他的愛就會減弱，甚至消失。

▶ 有原因的愛：像是因為你很富有，是高富帥，所以我愛你；因為你很聰明、美麗，身材好，所以我愛你，而這種因果式的愛也靠不住，持有這種觀念的人，會不斷地往其他方向發展，比如有人比你更有錢，那就不再愛你了，因為你沒有別人聰明，有著美麗的身材，或是你身材變形了，所以我愛上別人。

▶ 無條件的愛：這種愛意味著對一個人完全的接納。我愛你不是因為你高富帥，也不是因為你怎樣，所以我愛你，我是無條件的愛你。

只有這種態度的人，總是多多的付出；而有條件的愛、有原因的愛，只想得到。所以，你愛你身邊的人嗎？你是因為對方如何才愛嗎？還是你真的很想付出？若你是因為想付出，那就是因為你得到的愛很多，所以你可以給別人更多的愛。

好，一樣拿起你的筆，我們來寫一下。

▶ 你有沒有被愛的感覺？什麼時候？

▶ 你如何理解愛的管道？你身邊總有很多熱心幫助的人出現嗎？如果有，請找機會多與他交流，列出你生命中最重要的人的名字。

▶ 為什麼愛著一些人？是因為某些條件嗎？若沒有條件，單純想付出、愛他，請思考一下你的愛是哪種類型？

▶ 對照著每一個名字，把它寫下來。

▶ 再思考一下，你如何理解無條件的愛？

▶ 你又採取了哪些行動，無條件地愛他們呢？

回答的時候請深呼吸，閉起眼睛多停留一段時間，好好想、好好地感受，給自己一點時間。

 ## 始終如一、堅持到底（Always）

英文字典這麼解釋「Always」：始終如一、堅持到底，你做一件事時，無論有什麼特殊情況，都要堅持下去。

雖然字典是如此解釋，但每個想半途而廢的人，都能為自己找到放棄的理由，可能出現一些特殊的情況、變化，或是某人給我一個忠告、要求，導致你必須中途停止、放棄。

世上有上千位成功得勝的人，他們幾乎都有個共同點，就是他們不是按照自己的喜好來決定堅持還是放棄，他們只要確定目標，就會始終如一地完成。而平衡喜樂的生活，要求的便是始終如一、堅持到底，所以，請貫徹始終地執行你的平衡計畫，要有一種執著的韌性，這也意味著你要在逆境中忍耐。

年輕人大多不知道忍耐的威力，通常要到筆者這個年紀才會懂。什麼叫做十年磨一劍？從我開始創業至今已逾 40 年，在這 40 年創業的過程中，我很清楚地知道要堅持到底，但這一連串的堅持，背後的魅力是什麼？

我從新加坡獨自一人起步，在一年內開創出萬人團隊，前面三個月，因為自己第一次做業務工作，不斷被老闆要求堅持、堅持、再堅持，因而讓自己的人生產生很大的改變。

所以，當你工作生活不順、處境極其糟糕，什麼都不能做的時候，不妨鼓勵自己還能做一件事——再堅持一下，你一定要堅持到底，相信上帝會幫你開創美好的道路、壯麗的山河。

因此，當事情出了一些差錯，你要想這是難免的，當一路上幾乎都是辛苦的爬坡；當你債臺高築、又缺錢；當你想微笑，卻不得不驚歎；當憂慮壓迫著你，你可以停下來休息一下，但記得請堅持下去。

生命中的轉彎，自然是迂迴曲折、令人費解，我們也都清楚這點，如果我們不屈不撓、始終如一、堅持到底，那我們一定可以轉敗為勝，雖然可能會步履蹣跚、步伐

緩慢，但下一刻，信仰、上帝可能便會帶你跨入那個勝利的殿堂，得勝成功。

成功是翻轉過去的失敗，如果沒有過去失敗的經驗，怎麼會有那成功的多姿多彩呢？你永遠不知道得勝成功離你多近，所以，請靜下來思考一下，在你的經歷當中，有因為哪件事而輕易放棄，導致心中產生遺憾？當時又為什麼會放棄這件事情呢？再想一下，如果你堅持下去，現在會怎麼樣呢？也許不是大翻轉，但你的生命可能會產生一些啟發？

而影響你做決定的因素有哪些？你是否有聽過三人成虎、曾子殺人？這是比喻一個人三番兩次被別人的說詞影響後，內心的想法就產生改變，而你是否也曾經歷過呢？是否有人三番兩次或三番五次要你改變，但你還是願意堅持到底呢？

你周圍的朋友曾說你是一個執著的人嗎？他們曾給你有耐性、堅持到底的評價嗎？而當你需要忍耐、堅持到底的時候，你會從哪裡獲得忍耐跟堅持下去的勇氣跟毅力，你依靠的是誰？我靠的是耶和華，你呢？

5 自然、和諧（Natural）

如今，人們已不像古代，天剛亮就要起床農耕、給母牛擠牛奶，不用再去雞舍裡撿雞蛋，過著自給自足的生活。當然，現在的人也很少安排時間看日出，你有去看過哪個地方的日出或雲海嗎？

過著自然和諧生活的人，有足夠的機會跟周圍的世界步調維持一致，大自然像母親般不斷地提醒著我們，造物主提供從不失敗、從不失效的自然法則，從一頭小牛生下來，從一個雞蛋孵出來，從一根稻穗成長的過程，我們都可以看到造物主偉大力量的證據。

你看那道閃電、那個颱風、那場暴風雪，這些大自然的力量，是多麼的偉大；你也可以靜下來聽聽，發現小鳥啾啾地唱，小鴨呱呱地鳴；看到野雁飛到南方過冬，小松鼠在嚴冬來臨前收集堅果，這些都跟我們每天所看到的、感受到的一切相關。

你看富勒博士（Buckminster Fuller）是怎麼從大自然的法則裡，尋找財富的方向；你看富勒博士，他怎麼知道未來百年發展的一切，這全是因為他心靈平衡、有時間思考，周圍的環境自然為他創造一切。

這本書，其實就是希望有系統地協助你，尤其是當你上過 Business & You 國際級課程，課程每個環節、每一幕內容的銜接都是精心安排的，你必須認真地思考、參與、細細地體會，你才知道這每個環節，在日常生活、尤其是你跟合夥人互動的過程中，有多麼重要。

在平衡生活這個章節，我們不是要刻意創造出一種生活方式，而是要讓你了解大自然本身的存在，它有節拍、節奏，所以我們常常要借由耶和華的協助，才能如鷹展翅乘風上騰、翱翔，等待逆風起飛。

我們之所以要追求平衡的生活，是因為只有在自然與這個宇宙之間保持和諧，隨著這個自然宇宙的節奏節拍，我們的身心才能保持最佳狀態，真正體會出財富對我們的意義跟感受。

現今的工商社會固然便利，但對我們最大的悲哀，便是在追求更高生活品質的目的上，建造了城市水泥鋼筋，把自己跟大自然的聯結隔絕掉，更把上帝隔絕掉。在人們回歸到自然的熱潮中，仁者樂山，智者樂水，每個人的體會都不同，都是關照自然，領悟生命，當然境界有所不同，我們可以思考，自己到底是什麼樣的境界跟層次。

第一層是因為陽光空氣和美麗，而感到心曠神怡，這點毫無置疑。你已多久沒有看日出、日落了呢？有時候想想，我們還真是幸運又幸福，因為建設的進步，我們可以輕鬆地登高看日出、日落，感恩讚美主。

第二層則是細細地觀察大自然的變化，感受大自然的節奏節拍，人與自然的神秘連接。你喜歡唐詩、宋詞嗎？「昔年種柳，依依漢南。今看搖落，悽愴江潭。樹猶如此，人何以堪？」你有沒有享受過竹杖芒鞋輕勝馬？你有沒有感受過那個人生到處知何事，恰似飛鴻踏雪泥的意境，若有機會，你也要去踏一次。

第三層，觀察大自然，感悟造物主的奇妙。使徒保羅曾說過：「自從造天地以來，神的永能跟神性是明明可知的，雖是也不能見，但借著所造之物就可以曉得，叫人無可推諉。」你可以試著想想看，在大自然中看不到電，對不對？除了閃電看得到外，其他的都看不到，也看不到愛、看不到風，所以我們要慢慢地去體會、感受。

如果你沒有更好的方法，那筆者在此提供你達到自然和諧的六個方法……

☐ 回歸自然。

☐ 在家裡面種植花草。如果空間許可，你也可以考慮養寵物，但一定要長久陪伴牠們，千萬不要棄養。

☐ 閱讀一些歌詠自然的散文詩歌，然後聽聽古典交響樂，我特別喜歡聽〈四季交響曲〉。

☐ 早睡早起。

☐ 培養記錄天象、大自然變化的愛好。

☐ 學習自然的知識。像我的兩個孩子，他們就會常常跟我談星星、聊植物，探討、增廣自然的知識，我也很喜歡跟孩子研究微生物群菌，可以讓我獲得許多對大自然難以想像的領悟。

現在，請再拿起你的筆，思考一下，然後寫下來。

☐ 你多久會安排去親近大自然？

☐ 你最喜歡的自然景色是什麼？山、海、湖……等隨便你寫。

☐ 寫下你最難忘的一次戶外活動。

☐ 你願意早睡早起嗎？幾點起床？幾點上床？

□ 你是否有種植植物的習慣？

□ 你是否願意養一隻寵物，並照顧牠一輩子？

□ 你是否喜歡風景攝影？抑或寫生畫畫？

最後，請寫下你會採取什麼樣的措施，使你跟大自然保持喜樂和諧又平衡？像有的人喜歡看極光，有的人喜歡在沒有光害的平原，躺在草地上看著滿天的星斗，相信這樣你就能理解《聖經》上所寫的：為什麼上帝要讓我們的團隊像天上的星星、像海邊的沙。

自律（Control）

自律相當困難，許多偉大的人物也不得不承認，學會控制，實在是一件不容易的事，但若想要有所作為，你一定得學會控制，可以先從控制自己的脾氣、管理自己開始。

拿破崙（Napoléon）曾說：「自己一生最大的敵人，就是自己，就是欲望。」欲望令人痛苦，如果你不能控制，你的處境會非常糟糕，有個童話故事〈漁夫跟金魚〉便深刻地闡述了這個道理，故事中的老太婆無法控制自己的欲望，不斷要丈夫向金魚提出過分的要求，最終結果卻是一無所有。

偉大的人物，在他成功前，總是要經歷各種各樣的誘惑，孟子說：「天將降大任於斯人也，必先苦其心志，勞其筋骨，餓其體膚，空乏其身，行拂亂其所為，所以動心忍性，增益其所不能。」所以，一個人如果能控制自己的欲望，他便能收獲自信、快樂、得勝成功。

《聖經》裡也講述了一則耶穌受試探的故事，為這句話增添了生動的注解。

耶穌被聖靈引到曠野，接受魔鬼的試探，禁食 40 天。

試探人對他說：「你若是神的兒子，可以將這些石頭變成食物。」

耶穌卻回答說：「人活著，不是單靠食物，乃是靠神口裡所說的一切話。」

魔鬼就帶他進了聖城，叫他站在殿頂上，對他說：「你若是神的兒子，可以跳下去，因為他的使者會用手托住你，避免你的腳碰在石頭上。」

耶穌對他說：「不可試探主，你的神。」

魔鬼又帶他上了一座最高的山，將世上萬國的榮華都指給他看，對他說：「你若臣服於我，我就把這一切都賜給你。」

耶穌說：「撒旦（魔鬼的別名），退去吧！當拜主你的神，單要侍奉他。」

於是，魔鬼離開耶穌，改由天使來伺候他。

明白這點，會讓許多缺乏控制自律的人無法再找藉口，每個人只要堅持，練習好自己的控制力，就能成為一名自律的人。而自律的練習是終身的，這裡列出 10 項被證實有效的方法。

□ 從偉大人物的自律精神上獲得鼓勵，多閱讀偉大人物的傳記。

□ 有機會向別人介紹你的特點時，記得告訴自己：「我能控制好自己，我越來越能自律，我的自律能力越來越好。」記得告訴自己越來越好，這是一個相當有效的自我暗示。

□ 洗冷水澡。我曾在網上看到一位 50 歲的熟女，身材好得沒話說，記者訪問她是如何做到的，她回答的便是冬泳、冬澡，可見這是鍛鍊意志力的好方法。

□ 學會控制你的舌頭。文字是有力量的，還記得前面有說，在你很想講話的時候，先讓自己安靜 3 秒鐘，考慮一下自己講出來的話是否有價值？

你能控制自己的舌頭嗎？就 3 秒，只要你願意先從這 3 秒開始，你就成功一半了。

☐ 在怒氣要爆發出來的時候，請深呼吸，看能不能數 100 下，再決定要不要發作，絕大數的人還沒數完 100，就不會再發脾氣。

☐ 每天早起，堅持運動。我當年在新加坡，因為家裡有游泳池，每天吃完早餐的第一件事，就是去游泳 30 分鐘，也因此讓完全不會游泳的我，進步到可以在水裡來回游 30 分鐘，而且不需要停留。

☐ 凡是有違原則的事，要勇敢說不，不要在乎別人。

☐ 計畫你的時間，做出最適當的安排。

☐ 在你的住家、房間、辦公室，貼上你要的標語，例如自律讓我充滿力量、越來越強大。我平時會在家中客廳、廚房、冰箱，甚至是床頭，都貼上《聖經》的標語，以此來鼓勵自己、激勵自己。

像我老婆就運用的非常好，當她讀到一些特別的金句，就會把它寫下來，然後貼在我看得到的地方。所以，為自己留一點餘地，留餘地絕對不是為了自己不能自律而開脫，是當你失控後能夠重新振作，而不是自暴自棄，即便你是很偉大的人，也有失控的時候。

☐ 人不是完美的，你不能每次都靠自己，你要懂得依靠神，若沒有辦法做好，沒關係，請雙膝跪下來跟上帝禱告，祈求祂帶給你更強大的力量，讓你可以做得更好。

好，現在再把你的筆記本跟你的筆拿出來，寫下……

☐ 在朋友及親人眼中，你是一個自律的人嗎？

☐ 你曾經歷哪些失控的事情，使你後悔過？

☐ 在經歷中，哪一次的自律、自我控制，為你贏得了信心跟尊嚴？

□ 你一年大概會大發雷霆、發脾氣幾次？

□ 你曾經砸爛過你珍藏的玻璃器皿或任何易碎品嗎？

□ 你曾說氣話來刺激你最愛的人嗎？哪一次文字跟語言傷害了別人？

□ 有沒有什麼方法控制你的舌頭？

□ 你願意在冬天嘗試洗冷水澡或游泳嗎？

□ 你一周可以堅持運動幾天？

□ 你常常給自己一些積極的暗示嗎？當別人的要求不符合你的原則時，你有沒有勇氣說不？

7 效率（Efficiency）

一位平衡的得勝成功者，他在精神靈魂、財富財務、知識教育、娛樂休閒這四個方面，都可以達到很高的平衡，這也意味著在他的家庭、他的事業、他的信仰、他的朋友、他的社會等相關領域，都有一個平衡的時間付出，因為如果他沒有付出，就不會有今天的成就。

當然，這裡所說的平衡付出時間，並不是要你均分這四個領域，將時間劃分為四等份，而是要你有技巧地將各領域，都恰到好處地照顧到，以高效率、高效能的時間管理，達到平衡的生活。

下面簡單跟你討論時間管理。你要學會自我評估、分析現狀，如果你的時間總是排得滿滿的，並常常感到時間不夠用，被堆積如山的待辦事務困擾，經常加班，這代表你在日常事務上花了太多的時間，致使一些極為重要的事情被耽誤，比如跟孩子相處的時間。

你可能常覺得時間不在掌握中，被

各事情牽著鼻子走或疲於奔命，找不到好的解決方案，那這時候，你就需要較科學的時間管理、時間分配的方法，時間管理就是在日常工作中始終如一，有計畫地使用那些被證明成功、行之有效的工作方式，以便組織管理好各方各面的生活，將有限的時間做最有效的利用。

至於如何運用時間管理時間分配方法，來控制符合你工作生活特點的時間管理方案呢？首先，要進行自我時間的利用分析，也就是彼得・杜拉克（Peter F. Drucker）常說的回饋分析法，將自己目前的時間管理，進行簡單評估。

現在，請立即將你自己安排的狀況記錄下來，並連續記錄一周，然後再延伸至三個月，甚至更長。

時間管理評估

1 每個工作日前，是否有為計畫中的工作做哪些準備？

A. 從來沒做過。　　　　B. 有時候做。
C. 經常做。　　　　　　D. 總是這樣做。

2 凡是可以指派下屬做的事，都有交派下去嗎？

A. 從來沒做過。　　　　B. 有時候做。
C. 經常做。　　　　　　D. 總是這樣做。

3 是否活用工作進度時間表，來制定工作任務跟目標？

A. 從來沒做過。　　　　B. 有時候做。
C. 經常做。　　　　　　D. 總是這樣做。

4 是否有儘量一次性地處理每份文件？

A. 從來沒做過。　　　　B. 有時候做。
C. 經常做。　　　　　　D. 總是這樣做。

5 是否有每天列出應辦事項清單，按照優先順序排列，先處理最重要的事？

A. 從來沒做過。　　　　B. 有時候做。
C. 經常做。　　　　　　D. 總是這樣做。

6 是否有儘量回避干擾電話、不速之客的來訪，以及突然召開的會議？

A. 從來沒做過。　　　　B. 有時候做。
C. 經常做。　　　　　　D. 總是這樣做。

7 是否有試著按照曲線表來安排工作？

A. 從來沒做過。　　　　　B. 有時候做。

C. 經常做。　　　　　　　D. 總是這樣做。

---

8 日程表留有異動的時間嗎？是否有辦法應付突發狀態？

A. 從來沒做過。　　　　　B. 有時候做。

C. 經常做。　　　　　　　D. 總是這樣做。

---

9 是否努力安排活動，以便集中精神精力，優先處理少數至關重要的事？

A. 從來沒做過。　　　　　B. 有時候做。

C. 經常做。　　　　　　　D. 總是這樣做。

---

10 當其他人想佔用你的時間，而你必須處理更重要的事時，是否能堅決說不？

A. 從來沒做過。　　　　　B. 有時候做。

C. 經常做。　　　　　　　D. 總是這樣做。

　　好，相信你都有將答案記錄下來，Ａ＝0分，Ｂ＝1分，Ｃ＝2分，Ｄ＝3分，請將分數加總起來。

0～15分 你並沒有規劃自己的時間，反而是讓別人牽著鼻子轉。如果你能在很多事情上排出優先順序，就能達到一些自己的目的。

16～20分 你試圖掌握自己的時間，卻不能持之以恆，使得工作成效不佳，所以，請試著修改一下，重新把時間的掌控權還給自己。

21～25分 你的時間已管理得相當良好，請再接再厲。

26～30分 你相當會規劃時間，是每位想學習時間管理的榜樣、典範，可以試著與周圍的人分享你的管理方法及經驗。

好，從記錄的結果，你可以得到以下答案……

□ 看到自己工作、生活的方式。

□ 清楚、直觀地發現，你是如何利用時間的？你的狀態如何？

你可能發現自己都在閒聊或是逛社群網站，例如 LINE、微信、FB，這些佔用你非常多的時間。那我們接下來就要思考如何規劃時間，提高工作效率。

1 規劃時間的基本步驟

面對堆積如山和突如其來的任務事項，你可能常常會一籌莫展，現在，請試著用下面的方法，一起來做做看。

第一步 列出你所要完成的事項清單。

第二步 估計各項事項需要耗費多少時間？

第三步 按照 60/40 的原則規劃，將計畫性跟靈活性結合。當然，你也可以 70/30 靈活應用，看你如何分配。

第四步 你要決定事項的優先順序，刪減或安排他人代勞。根據優先事項，一定可以分出重要又緊急、重要不緊急、不重要但緊急、不重要又不緊急等四項，先把這些排出來。

第五步 檢視並且修正，一般情況下，計畫難免不如預期，往往趕不上變化。因此，你需要及時的分析、找出原因，並把沒有完成的事項，安排到下一個計畫中。

好，談完步驟後，接著來談時間管理的基本原則，當你按照上面的步驟制定計畫時，請將時間管理的基本原則應用其中。

時間管理的基本原則

美國很有名的艾森豪將軍（Dwight D. Eisenhower），他曾提出簡單的使用原則，能幫助你克服每日每周的混亂生活，正確區分事項的類型，決定事項的優先順序，安排或請他人代辦，甚至可以刪去，也就是我們剛剛講的重要跟緊急。

如此一來，你就能知道哪個是你優先要處理的，這不僅是艾森豪的原則，也是彼得杜拉管理學院對時間分配最重要的一個原則，請畫一個十字架，把事情歸類放上去，如下……

A 既重要又緊急，你要優先處理。

B 重要，但不緊急，可以暫緩，這部分記得要加以重視，為什麼？因為這可能是我們唯一可以掌控的部分。

C 不太重要，但很緊急，那這件事可不可以安排給別人做？比如繳電話費。

D 不太重要，也不緊急，想想這件事要不要刪除或推遲。

不緊急／不重要
完全不用處理，或視情況而論，有時間處理時，再考慮是否進行。

緊急／重要
用大多數的資源優先處理。

緊急／不重要
可委派他人作業。

不緊急／重要
列入工作進度表，稍後處理。

③ 計畫性跟靈活性

筆者常感嘆計畫趕不上變化，使我對時間分配產生了一些懷疑，但科學的時間管理，應是一種計畫性跟靈活性的表現。所以，日常生活的計畫，可以佔60％至70％左右，不包括不期而遇及突發狀況，若是突然來找你的人，那這個行動大概可以調整為30％至40％。

在實際工作中，根據個人的活動特點跟時間，利用一些突發狀況，對時間做更精

確的分配。當然,你說能不能做到 80/20 法則?當然也可以,而且你的時間只會控制得越來越好。

4 生理曲線與工作方式

每個人的一天,都有一定的節奏,決定一天精力的高峰跟低谷,有的人是早起型,有的是晚睡型;有的又一定要早上工作,有的則要下午工作,有的還要半夜才有辦法工作。因此,我們要根據自己的生理曲線,來制定個人的工作方式特點。

從自身制定比較高效率的時間計畫,思考你的水準到底是如何展現?你的經歷是一個很重要的因素,你要了解自己工作曲線,來計畫跟規劃時間,儘量把精力高峰,安排在處理最重要的事情上,在低谷時間安排適當的休閒娛樂,輕鬆一點,喝個下午茶都很好。

5 日干擾曲線跟工作安排

前文有請你將自己的時間記錄下來,你可能已經意識到,有許多工作時段常被同事、朋友或其他打擾,產生行為中斷的情況,影響到你的工作效率,那除了掌握一些對抗干擾的技巧跟方法外,像學會拒絕話術、適當地肢體語言表達等,也都能改善這些情況的發生。

還有一種方法是反向工作,即是尊重同事、上司他們的工作習慣,儘量把主要事項安排在干擾最少的時段,比如我要寫書,通常就只能利用清晨的時間,這時候小朋友還沒有起床,不然就要等晚上孩子們都睡著後,我才有辦法處理,或是假日請助理帶孩子們出去玩,我才能不被干擾地專心寫書,所以我很感謝主、感謝老婆,感謝助理,感謝我的夥伴。

請試著從個人的時間記錄中,畫出自己的日干擾曲線,再根據日干擾曲線來規避干擾的風險。

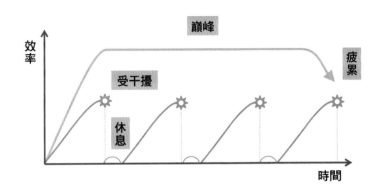

6 80/20 法則

義大利經濟學者帕列托（Vilfredo Pareto）於 1897 年研究 19 世紀英國人的財富和所得收益的模式，他研究發現大部分的財富，會流向少數人的手裡；其中取樣的資料也顯示，某一個族群占總人口數的百分比，和該人口群所享有的總人口數或財富之間，有項一致的數學關係，稱為 80/20 法則。

我們經常看到 20％客戶帶來 80％銷售成績，80％客戶帶來 20％銷售額；20％的銷售人員產生 80％的業績，80％的銷售人員只能產出 20％的業績，那這跟時間管理有什麼關係呢？

第一個 在時間管理分配當中，用 20％的時間創造了 80％的成效，一般 80％的時間，其實只能產生 20％的成效，所以你一定要優先解決占少數的重要事項，然後再解決占多數的次要事項。

第二個 儘量安排個人效率最高的時段，來處理少數重要的事項。

第三個 盡可能安排在日干擾曲線較小的時段，來處理那些占少數，但重要的事情。

好，掌握幾個主要的原則後，接著來談談用什麼工具來進行管理，若僅有時間管理、時間分配觀念及規劃是不夠的，你還需要一些工具協助。

許多人會使用筆記本、效率手冊或日曆，但這類的記事本，僅能幫助你將某年某月某日的事情記錄下來，手機裡的行事曆也一樣，沒有以分配時間的角度，來規劃設計的表格。

為了將你的時間管理跟時間規劃、時間分配，真正付出有效率的行動，建議你將這本手冊視為你最重要的工具，並利用上文提到的方法，將時間做出最有效的管理。好，我們接著來談談幾個重點。

1 效率

有效率的工作手冊，是什麼？真正有效率的工作手冊，是將日曆記錄制定目標、規劃時間和位置，以及將參考標語、檢查工具全都做在一起，它是可以保證你實施高效率管理的重要工具。借助這個效率手冊，一切盡在掌握當中，將你的短、中、長期約會時間全掌控好，協助你安排計畫。

2 現狀安排

請拿出你的紙跟筆，當然用這一本手冊也可以，你是否常覺得自己的時間總是不夠用？寫下自己時間管理的分配現狀，哪些是你在時間管理上做得不夠好的？

- 你有沒有想過採取什麼改善的措施？
- 你的注意力是不是經常無法集中呢？
- 如果不能集中，是什麼影響你的注意力？
- 一天精力最充沛的時段是什麼時候？
- 一天最不容易受干擾的時段是哪個時段？

再想一下艾森豪將軍的原則，想想如何應用在你的時間分配上面。

相信你正走在通往得勝成功的路上，只要有了方向，不管你現在是否一無所有、兩袖清風，或跟我當年一樣三餐不濟，你也不用擔心，因為只要你了解、熟練並操作，

你就能憑著那潛在的無窮能量，向世界宣戰，得勝成功。

當然，最重要的是你跟造物主、上帝之間的關係，別忘了 Business & You 的初衷便是追求真理、榮耀基督，不管你有沒有特殊的宗教信仰，請把它當作一種修練，而不是一種宗教。

如果你把 Business & You 看成一種宗教，未來可能會有一些遺憾，因為把它當作宗教太小看它了。想想看，美國建國 240 多年，已創造出上千家百年基業的企業，若跟中國 5000 年的歷史相比，我們竟僅有寥寥無幾、數十間百年企業，請問差別在哪裡？

美國拿著美金變成一個世界經濟強權，那絕對不是這個國家多偉大，而是因為有哈佛為基礎，才有了美國優秀的領導人，如果你沒有發現這個偉大《黑皮聖經》的力量，你把它當做宗教書籍，那就真的是太小看它了！

我期待未來能透過更多的課程，還有更多的遊戲，使你找到更明確的方向，也可以在課程中找到非常好的合作夥伴，因為未來你不能獨立獨行、孤軍奮戰，你必須要有團隊才行，而那個團隊的組建，也不是單靠這本書，讀讀書、寫寫作業就可以找到的，我相信這本書會為你帶來力量。

期待每個人都能隨身帶著這本書，一同窺探造物主對我們這一生的美好計畫，看看祂會如何安排你一生的財富藍圖，到底要帶你走向何處？我是成資國際的總經理 Aaron，期待與你在巔峰相會。

Week 4 思想是原因，環境是結果

你現在所有的環境和你這個人，就是你過去全部思想的總和，所以這節要來談談你的使命宣言，也就是你對外、對所謂的宇宙的一種大聲的宣告。那有幾點，是你要注意的……

第一，這是你生命中很重要的文件，你會成為宣言中自己描述的那個人，所以，你必須謹慎地思考你的使命、你的宣告，祈禱、沉思和家人朋友們交流，都有助於你擬出這一份宣言，如果你是基督徒，請手按著《聖經》多禱告。

第二，每天早上花 30 至 45 分鐘黃金時間再讀一遍，當然睡前 30 分鐘也很重要，這些會進入你的潛意識，變成生活的一部分。

第三，你的使命宣言將是你所有目標計畫的依據，也會是你的藍圖，它就像你人生的一個法規，國有國法，家有家規，你人生的憲法、最高標準。

好，請找一個安靜的地方，寫下來，然後禱告。禱告完畢，就寫下什麼事能給你精力、熱情，有哪些你喜歡的箴言、名言。

接著，請制定你的宣告，這裡並不是真的要你將宣言寫下來，每個人對文字的定義不一樣，看你個人的習慣如何，可以唸出來也可以寫下來。像我個人喜歡右手握拳，然後大聲地朗讀出來，因為這是我跟宇宙，跟造物主一個深深的連接；在睡前，我也會跪在床上，跟上帝做一個深刻的連接跟溝通。

□ 第一，你要有時間。

□ 第二，你要有地點。

□ 第三，你要有人生使命，後面可以再括弧寫出你人生存在的目的。

□ 第四，我對家庭的承諾，對這個家庭的責任應該是什麼？

□ 第五，我對社會的承諾，我對這個社會的責任是什麼？

寫下思想宣言，你想跟潛意識說什麼話？再寫下人格宣言，我對我自己人格的看法，或我決定從今天開始，讓自己的人格、個性變得怎麼樣？

接下來，寫下你想成為怎麼樣的人？變成一個什麼樣的人？你也可以想，上帝希望你成為什麼樣的人？上帝希望你能為祂做什麼？當然，不一定是你為祂做的，但如果你很有誠意，覺得自己做得到，就把它寫下來，這就好比基督徒在事業、生活上，期許自己能做一個好見證、把福音廣傳，這件事就是基本配備基本的使命宣言。

好，最後在離開這個世界上的時候，你希望留下什麼？如果你不知道怎麼寫，可以把它當成墓誌銘來寫，如果有一天去見上帝了，墓碑上會刻一段字，這一段字能讓經過的人都看到，可能還會對他們的人生有好的影響。

接著，若你願意把每天當作上帝喜悅的一天，更要把它當作豐盛的最後一天，你會怎麼過？寫下來，記得要在結尾寫下你的名字，並標上日期，承諾自己會盡一生最大的努力，將造物主給予的天賦完全展現出來，朝我原先設定好的方向，循序漸進的前進，榮神益人。

我是成資國際的總經理 Aaron，在此深深的祝福你，也為你們禱告，謝謝。

黃金創業要點

建立自我形象的方法

✱ 改善「外在條件」。

✱ 尋找成功的鏡子（Mirror Image）。

✱ 從比你客觀條件更不利的人身上學習感恩，提高自尊、自重。

✱ 將目標分步驟進行，每當一步「小目標」完成時，慶祝所有勝利。

✱ 多看名人傳記。

✱ 多聽激勵演說及導師的忠言。

✱ 多微笑，多給別人稱讚。

✱ 多幫助別人。

✱ 將自己擺放在一個積極、給予「肯定」的成長環境下，以避免對自己有害的人與物。

✱ 謹記大小成就，擴大優點。

✱ 多參與社交活動及團體。

✱ 接受善意批評，從經驗中吸取教訓，勇於面對挑戰。

✱ 懂得運用幽默。

✱ 不斷反覆暗示自己「有自信」，潛移默化的效果將超乎你的想像。

✱ 應用好聲音方程式。

✱ 24 小時使用潛意識大師 CD。

Think and Write

人際關係縱橫談

✽ 史丹福研究中心：你賺的錢 12.5％來自知識，87.5％來自關係。

✽ 國際羅勃海扶公司：員工離職，34％因為成績未被認同或讚揚，29％因低薪，13％職權混淆，8％人事衝突。

✽ 行為研究：成功 20％來自智商，80％來自其他因素，只要是情感智慧（EQ）。

✽ 95％被解雇的員工，是因人際關係差勁，5％因技術能力低落。

Think and Write

良好人際關係的七項好處

彼得‧杜拉克曾說：「溝通不良只是結果，關係不良才是原因。」

✳ 人脈網路成為你很有價值的資源。

✳ 你有機會成為優秀的領袖，人們樂意協助你。

✳ 你能把智慧、精力集中在創造性的建設。憂煩緊張的人際關係常把情感能量消耗殆盡。

✳ 你對自己較有自信，自我形象較佳。

✳ 與你共事的人生產力較高。

✳ 你會是快樂的人，心理比較健康。

✳ 你擁有較佳的成功機會。

Think and Write

你跟自己的關係，如何影響你跟別人的關係

低自我形象所引發的七個心理座標轉移症。

看別人驕傲	其實是	自己自卑
懷疑別人排斥	其實是	不能接納自己
論斷別人	其實是	缺乏自我肯定
玩弄別人感情	其實是	自己情感受過傷害
喜歡糾正別人	其實是	掩飾自己弱點
看別人霸道	其實是	自己懼怕權威
諂媚討好別人	其實是	缺乏自信

Think and Write

Business & You
史上最強的商業經營成功學

提到世上最頂尖的經營管理，那一定與兩位重要人物脫離不了關係，一是曠野上的先知——富勒博士（Buckminster Fuller），二是管理大師——彼得‧杜拉克（Peter Drucker）。

富勒博士是一名超越時代的科學家、先知、詩人，一生執著於科學研究，導致生活困苦，還曾因事業經營不善而破產，但他的思想深深影響著世人，包含心靈雞湯作者馬克韓森（Mark Victor Hansen）的秘密導師傑克‧坎菲爾（Jack Canfield），還有《富爸爸‧窮爸爸》作者羅勃特‧T‧清崎，都深受其演講與著作的影響。

左為彼得‧杜拉克；右為富勒博士

因此，即便過得再苦，他仍發誓要活下去，給自己兩年的時間，要求自己對說出口的每句話負責，強逼自己回到了解自我想法的原點，他不願浪費分毫時間，連睡眠習慣都變得跟動物一樣，每過 6 小時才睡 30 分鐘，絕大多數的時間致力於思考；他

不再滿足於別人的看法、信條和理論，更立誓要用自己的發明經驗，解決地球上每個人生活中所遇到的問題。

富勒博士對人類文明的影響極為深遠，他曾許下 50 個願望，用盡畢生之力實現了 48 個，其中包含巨蛋建築設計、跨國經濟整合與世界性合作趨勢等，提出各種具前瞻性的理論發明。

富勒博士生平的著作及演講紀錄現已很難找齊，更別說是中文版本，而 Business&You 便是源自於富勒博士的理念與精神，發揚他對宇宙變化所歸納出的財富法則、宇宙準則，及無數具有貢獻的研究。

法則一 你服務的人越多，你的效能就越大！也就是說，一個人的價值，在於你服務的人數。

法則二 法則本身是透過執行力來呈現的。換言之，如果法則不轉化成行動力，是無法讓他人感受到的。

法則三 世間事均為複數，且最低為二。世間萬物都是一體兩面的，當你無法理解一件事情的時候，並不代表它不好，是因為你無法理解它。所以，發生任何一件事情，都代表有另一件事在背後產生！

彼得‧杜拉克出生於奧地利，是位知名作家、管理顧問以及大學教授，他催生「管理」這個學門，使之被系統化地探討，同時預測知識經濟時代的到來，被譽為「現代管理學之父」。富勒與杜拉克之間，還曾有段師生情誼，兩人探討層面雖不相同，但都是以世界更美好為目標。

一般大眾會認為杜拉克為管理學之父，但他自我的定位其實是「社會生態觀察學家」，他藉由觀察人類與各方組織，整理出一個新學派「管理學派」，進而對社會產生非凡的貢獻；而富勒博士則普遍被視為發明家，他找出大自然運行的法則，將其運用在人類社會上，發現人類社會有許多原則與大自然法則息息相關——其中包含財富的十大法則與三大白金定律。

　　而將兩者的精神與智慧完美結合，便是最完美的 Business & You 教育訓練系統，也是人們思考未來方向最完整的參考依據。

　　世人認為杜拉克的管理學僅限於「企業家」或「專業經理人」所學，而富勒博士的理論則被歸類在「科學家」與「發明家」的領域，但如今，Business & You 將兩者結合在一起了！ Business & You 課程可以……

助您充分了解自我，發掘自我潛能，靠趨勢與優勢來賺錢。　01

讓您同時擁有財富與快樂，晉升全球頂尖人士。　02

助您了解一切，真正獲得事業與家庭的平衡。　03

適用在各行各業上，幫助各階層管理者成為該領域中的典範。　04

大幅提升個人生命、生活、生計的品質。　05

創造對社會的貢獻，使文明與經濟昇華到更高的境界。　06

　　因此，唯有結合杜拉克和富勒博士，才是最完整的致富管理學，期許 Business & You 能幫助每個人創造價值，讓個人組織倍增、財富倍增，得到金錢自由與時間自由，進而邁入自我實現之路。

⚡ **1 Day** 齊心論劍

「以大自然為背景，一群人、一個項目、一條心、一塊兒拼、然後一起贏！古有〈華山論劍〉，今有〈BU 齊心論劍〉，「齊心」的前提是互相認識，大家充分了解，彼此會心理解，擰成一股繩兒，一條鞭是也！BU 一日班在新寮瀑布深潭邊、一日 BU 班在雪山山脈玉蘭茶園、一日 BU 班在八煙野溪溫泉……果然魔法絕頂，盍興乎來啊！」

Business & You 一日班課程，將上課地點移至戶外，以大自然為課堂教室，讓學員在山林間，開闊不一樣的視野，更在走訪山水的過程中，讓大夥兒相互論劍切磋，這不僅是一場城郊漫遊、一段不為人知的幽徑探索，也是一趟微觀又深度的時空之旅，更是知性與感性的對話、細緻的心靈沉潛、緊密的物我交融的人生新體驗。

走訪山林美景、認識人文歷史風情，感受不同以往的美好旅程，享受難得的景點及獨家秘境，摒除一切壓力來源，在絕對放鬆的狀態下，推行 BNI 式（Business Network International）的信任人脈圈，眾人共同讀書、學習，共同上課、共同壯遊，行萬里路、讀萬卷書……達到身心靈的自我提升，不亦快哉！

歐漢鑫

這次的論劍，我覺得最大的收穫就是在黑暗中走吊橋，讓我學會毫無懼怕！感謝師父王晴天告訴我們千萬不要過去，雙龍瀑布水管吊橋尤其危險、險峻，要走的人請自付責任！反而讓至少 15 位弟子無論如何一定要走一遭！這比去上安東尼・羅賓（Anthony Robbins）走火，還更能突破自我內心的恐懼及害怕！當你一無所懼的時候，人生將再次跳躍！

當你下定決心要的時候，上帝隨時與我們同在！

吳宥忠

　　論劍之旅圓滿完成，此次近距離與王董事長學習，收穫滿滿，弟子彼此間也更加熟悉，相信將來的合作必定默契十足，魔法講盟的股東也凝聚一心，一起為大陸市場打拼，感謝王董事長為魔法講盟積極拓展大陸高端人脈，讓大家前進中國的道路更加平坦，呼應了王董常提到的，路是靠別人走出來的，招生→賺錢→上市為必成功方程式。

　　王董的私房秘境也果真讓人流連忘返，尤其是雙龍瀑布的吊橋，絕不輸給大陸的天空之橋，這三天可說是行程滿檔、眼界大開外，腳也開開了，連續走了五小時的山路，但所見之景確實值得這一路的哀嚎，眾弟子們的論劍也是一個比一個精采，強強聯手，透過王董親自指導，高手的思維與境界果然是不同的，很多第一手的資料，是市場上所不知的內幕，三天的學習之旅暫時畫下句點，感謝王董事長還貼心地送我至家門口，這是弟子才有的福利，期待明年宜蘭論劍之旅，大夥明年見了。

梁成明

　　一日論劍遊，上午先要在雨中爬上幾天前才出人命的象鼻岩，下午至南雅奇岩、靈鷲山、福隆，眾弟子輪流分享自己的學習心得和項目，大家都收穫滿滿……

朱寶貴

王博士之前以《晴天數學最低 12 級分的秘密》響亮補教界，他精通數學外，也相當博學多聞，在 YouTube 新絲路視頻說歷史、講新知更是一把罩，所以我總以王博士尊稱，沒喊師父，這是我對他的尊崇。

第一次參與「象鼻岩一日微旅行」，雖然下著濛濛細雨，大家還是走完全程，路途中師兄們都協力照顧體能較弱的師妹們，王博士也不小心摔了一跤，但他仍繼續帶領我們前進，真的好感動。王博士說大陸有名師帶「過火」，以此消除大家內心的「恐懼感」，如果心裡不怕了，世上還有什麼衝不過的事？此話很受益，我謹記在心。聽說去年弟子行是去走一個高空吊橋，明年更要去跳瀑布潭水，這對不會游泳的我來說，著實懼怕啊！

第一次參與弟子「靈鷲山＆福隆」論劍，每位弟子相互介紹讓大家更了解彼此，果真是臥虎藏龍，前輩老師、師兄姐們各個一級棒，在自己的工作領域裡，都已是很頂尖的專業學者和博士，非常榮幸能與大家成為一家人。

在這段學習過程中，王博士無私的奉獻，常在每位講師的授課過程中補充，而且上課時間都會拉到中午 12：40 至 1 點才用午餐，下課時間通常會拖延半小時，這是外面課程中很少見的，深怕我們漏學了什麼。

王博士把弟子們視為自己的孩子般指導、傳承，今生有幸遇上一位名師，我將好好學習，並運用在工作上，也希望一、兩年後能成為兩岸八大講師，並出版一本自己的暢銷書，更創造出自己的萬人團隊。

感謝恩師、感謝前輩老師和師兄、師姐妹們，有您們真好。

論劍出遊集錦

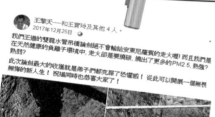

王擎天——和王寶玲及其他 4 人。
2017年12月25日

我們王道的雙龍水管吊橋論絕絕不會輸給安東尼羅賓的走火喔！而且我們是在天然健康的負離子環境中，走火卻是要燒碳，燒出了更多的PM2.5，熟強？熟弱？

此次論劍最大的收獲就是弟子們都克服了恐懼感！從此可以開展一個無悔無悔的新人生！祝福同時也恭喜大家了！

還有 3 張

👍 104
12則留言 3次分享

Edison Huang 覺得心情放鬆——和王擎天在八煙野溪溫泉。
2016年12月25日 中華人民共和國上海市金山區

感冒也要頸出重圍去泡湯
謝謝王博士的帶路
#八煙野溪溫泉

還有 2 張

😊👍 143
4則留言 1 次分享

黃鈺峰新增了 2018年10月14日的 19 張相片 — 與王擎天和王晴天
2018年10月14日

深澳論劍微旅行
讓您腦細胞清晰好
讓您四肢身體練到
讓您肚子也吃飽飽

還有 15 張

Libby Lin 新增了 2017年7月16日的 8 張相片 — 和王擎天在宜
騎冬山・中山瀑布・舊寮瀑布。
2017年7月16日 Lotung

王道微旅行・弟子聚
二天一夜的微旅行，在師父的帶領下，有舊寮瀑布的消暑活動，更在秀麗的雪隧平原讓每位弟子都有展現事業＆夢想的機會，大家不祖玩的開心，在師父的指導下收獲也滿滿，愉快的ending

王道 微旅

還有 4 張

😊👍 140

王擎天新增了 4 張相片 — 和許芷芸及其他 10 人。
2017年12月25日 22:12

去年聖誕節率會員們健征八煙野溪溫泉！
今年聖誕節則率領弟子們「八通關東埔論劍」加入原住民聖誕夜活動，並創下台灣登山史上唯一完成雲龍瀑布與雙龍瀑布的壯舉！
此行更有豐富的風景使最大伏兒泡在溫地風呂中論劍：現代商業BM論劍談出魔子賺錢之道！
24位弟子全是新公司魔法鏈鎖的股東，團結力量大，試誓2018城中，竟是誰家天下？

Nicky Huang 覺得很有成就感——和王擎天、其他 8 人，在勝華大飯店。
2017年12月24日 台中市 Alishan

王道東浦行與各位先進交流，期許明年更多的交流機會
#東浦論劍

還有 6 張

267

1 則留言

范揚琪和王擎天在玉蘭茶園
2017年7月15日 宜蘭市

王道弟子聚仁山論劍，真的是很棒的操練，
師兄弟一起，各自上台表達自己的產業，
讓彼此之間更了解，開展出更多的商機。
http://pics.ee/v-1271813
#公眾演說是出人頭地的捷徑。

PICS.EE

太陽能屋頂發電哥范揚琪在宜蘭大同玉蘭茶園與王道增智會的王
擎天博士與師兄弟分享太陽能事業@20170715

吳宥忠新增了 6 張相片 —— 覺得被逗樂了——和王擎天、其他
2 人、在 勝華大飯店。
2017年12月24日 9:35 台中市 Alishan

王道弟子三天兩夜東埔溫泉論劍，大家第一次在溫泉池理發表演說，好特
別的經驗。

吳宥忠藝 覺得興奮——和王擎天在玉蘭茶園。
2017年7月16日 宜蘭市

今日跟隨我師父 王擎天 博士，
帶領王道弟子門去宜蘭，
進行二天一夜仁山論劍活動，
下午在玉蘭茶園每位弟子輪番上陣，
將自己的事業及未來的夢想，……更多

還有 4 張

119

2則留言 4次分享

093

⚡ **2 Days** 成功激勵

「以 BU 藍皮書《覺醒時刻》為教材，採用 NLP 科學式激勵法，激發潛意識與左右腦併用，BU 獨創的創富成功方程式，可同時完成內在與外在的富足，含章行文內外兼備是也！」

二日班的課程從心靈層面出發，用吸引力法則的概念，以 NLP、PSYCH-K……等科學方式來探討潛意識，進而激勵自己，讓心中的渴望能成功顯化出來。

「渴望就是期待，期待就會達到。」當你開始決定要「啟動你的成功奇象」，開始去做些什麼，後續就會開始產生一些效應，吸引一些人事物，產生一種速度、動能、吸引的力量。

掌管成果的基本法則會經歷兩個重要的階段，一個是「渴望」，另一個是「期待」，必須遵守這兩個階段才能獲得最佳和最大的成果。

第一階段的「渴望」包含了一個積極的吸引過程——即當一個人很想要某件東西時，他就會產生一股吸引力，讓他與所渴望、無形的東西相連結。如果他削弱或改變渴望，那這股吸引力就會中斷，但如果他仍不斷地維持他的渴望或野心，其渴望的美好事物遲早會部分或全部實現；總的原則就是，除非你渴望，否則你無法實現任何事情，「渴望」的動力，使其終於成真成為實體。

另外，你還必須期待得到某件事的部分或全部，否則就算渴望也沒有用，沒有期待的渴望只是空想、做白日夢，浪費許多寶貴的心靈能量。渴望讓你與內在世界的成因相連結，透過無形的方式使你與渴望的東西相連，而為了使其成真，期待是必要的，期待是一種無形的拉力，會在無形的宇宙中發揮作用。

我們都知道有許多人會去渴望一些不用付出任何努力便能得到的事物，但他們可能會半途而廢，唯有學習去期待心中所渴望的事物，才能穩定地實現夢想或願望。

我們也知道有些人希望不要發生他們心中所抗拒、排斥的事，但卻往往會發生，這證明我們心中的潛意識，擁有一股強大的吸引力。所以，千萬不要去預期得到你不想要的事物，也不要去渴望你無法預期自己能得到的東西，當你預期自己不想要的事物出現時，就會吸引到不想要的，當你渴望某個你無法預期能得到的事物時，你只是在浪費力量而已；另一方面，當你不斷期待渴望的事物時，你吸引事物的能力會變得勢不可擋，潛意識使你與渴望的事物相連結，而期待將它吸引到你的生活中，這就是宇宙法則。

BU 二日班上課剪影

快樂和自由是你的權利，因此，我們應該尋求了解更多看不見的心靈創造法則，和蟄伏在我們人類身上的奇妙可能性，大自然並不會剝奪我們心中所渴望的美好事物，反而會提供我們心靈裝備和內在動力，使我們感受到美好，以確保活得快樂、有價值。

除非應用所學知識，否則知識的價值會很低或根本沒價值。我們要開始使用心靈的力量，以增加我們生活中的美好事物，這裡提供一個與法則和諧一致的簡單方法——要在心中為你想要的事物形塑清楚的圖像，不要限定它呈現的形式，只要堅定地渴望更多美好的事物，打造一個夢想板。

但避免處於緊張或焦慮的狀態，最好是在安靜及輕鬆的環境，練習你的心靈圖像，讓美好的想法或計畫透過生動的心理圖像展現，就好比是心靈電影院一樣，不要強迫

自己思考，因為壓力會造成思緒的阻塞和混亂，你越平靜，結果越好。最重要的就是堅持你的想法，確信心中所尋求的必會來臨，藉此滋養你的渴望或欲求。

心靈是一塊磁鐵，會吸引任何對應的主導心態，無論我們腦海裡產生什麼、不管我們期待和思考的是什麼，往往會帶來與其和諧一致的事物和情況，科學已證明心靈吸引力的存在，而且它一直持續在運作，因此大家更應該認真思考。我們的主導心態是我們生活中一切事情的主因，我們越早意識到這個真相，就能越快改善我們的生命歷程。

我們必須渴望成長，讓潛意識有機會來幫助自己，一切都會為了我們而運作，障礙將會增強我們想贏的決心，別人給我們的挫折只會加強和激發更強的行動力，我們將看得更清晰，充分了解每一個困難都是前進的機會、每一個絆腳石都是成功的墊腳石。所謂的重擔將失去它們的重量，因為我們內在的靈魂是無法被戰勝的，而當渴望和抱負被喚醒時，會產生更大的力量和更充沛的智慧，這將引導我們的思想和行動通往至征服的高峰之路上。

許多時候，我們的心態就好比一艘船，在情緒的浪潮中隨波逐流，情緒起伏全由波動決定，我們無法自主。每個人心中都有很多事情想完成，但總會被諸多的牽絆影響，讓我們在未踏出第一步前就過度謹慎，以致擔心恐懼，任何原因都能變成阻擋我們向前邁進的藉口，最後選擇打退堂鼓；所以，當我們看著其他人順利完成心中想追求的目標時，就會打從心底羨慕他們。

且隨著年紀的增長，你就更難去追尋、嘗試新的事物，很多事情就像旅行一樣，當你做出決定並跨出第一步的時候，其實就完成了，最困難的往往是開始。在 NLP 框架訓練中，有個基本的前提假設：重複舊的做法，只會得到舊結果，唯有做法不同，

結果才會產生不同，任何創新思維的做法，都比舊有的方式，多一分成功的機會。

所以，NLP 強調先改變自己，別人才有可能改變，改變是所有進步的開始，有時候我們必須把舊的想法放下，才能看到突破的可能性，倘若放不下自己目前的狀態，一直專注於問題本身，便看不到其他的資源與機會。

因此，如果我們覺得現在這樣做的事情沒有結果，記得改變我們的做法，新的方法不管好壞，都比舊的多了一分成功機會，希望明天比昨天更好，希望明年比今年有更富裕的生活；若不想改變，我們可能會覺得壓力越來越大，面臨生活與前途上的威脅，因此，唯有不斷改變做法，才能與各方各面保持理想的關係。

NLP 技術中有項「心錨」應用，是一種能勾起回憶，進一步影響我們情緒的外界刺激，透過視覺、聽覺與觸覺，我們可以形成某種特定的情緒，在該情緒最強的時候果斷「下錨」，以便穩定自身情緒，這樣日後我們需要的時候，可以隨時觸發心錨，重拾適當的情緒，運用內在力量，讓人在短時間內找回正能量，快速扭轉當下負頻率，是一種相當實用的技巧。

大腦對於特別或經常出現的經驗，會形成一條刺激迴路，這在心理學上稱為「古典制約（Classical Conditioning）」，當你憶起一件事物、情緒或場景時，通常會伴隨著其他條件一併出現，反之也會有相同的效果。例如，當你聽到一首經典老歌，當年的回憶瞬間湧上心頭，而這在 NLP 中就稱為「心錨」，在過往經驗中，利用重溫或其他方式加入其他刺激，使內心產生變化。

心錨的技巧原理其實是讓身體記住某種情緒能量，當你想要使用這股被記憶下來的情緒能量時，便可透過某特定的關鍵動作，瞬間開啟這個連結，讓該記憶當初的感

受瞬間湧現。

我們平常感受到的各種情緒和思想，其實都沒有消失或遺忘，只是被我們封存在內心的某個倉庫中，而心錨便是將某些特定動作與內在的美好感受做連結，使我們可以隨時透過這種連結，喚醒過去曾經的美好感受。

「心錨」這項技巧，活用了「巴夫洛夫的狗」實驗中發現的「條件反射」機制。在十八世紀末，俄國首屈一指的生理學家伊凡・巴夫洛夫，常將狗作為實驗對象。某次，他發現只要穿白袍的助手送食物時，動物就會開始分泌唾液，不停流口水；當食物或外物進入口中，身體會自然而然地分泌唾液，這是一種反射動作，能促進消化，讓身體稀釋或排出身體不想要的物質。

而伊凡・巴夫洛夫便將此反應稱為「心理性分泌（Psychic Secretion）」，並寫道：「（把食物和容器）放在距離狗稍遠的地方，即使因為距離使得嗅覺與視覺受到影響，但還是能觸發反射性分泌，甚至只要看到平時慣用的容器，就會促使消化道反射。」

他也發現，只要助手走進來，無論手上是否有食物，狗還是會因為看到助手，開始分泌唾液，甚至只要聽到腳步聲，都會引起唾液分泌。」因而推論狗在這些媒介之間，與食物產生了連結，只要看見就會產生期待，開始分泌唾液，指出每隻狗從出生開始，便會因「食物」這項刺激產生唾液反射，這是自然反射，也稱為非制約反射（Unconditioned reflex）。

因此，學會設定心錨，可將自己面對壓力情境所感受到的討厭或刺激，與過去曾經歷過的愉快體驗做結合，這樣下次再受到相同或類似的刺激時，就不會出現惱人的壓力，這種方法正是「改變腦內迴路」的具體表現。

1 成功安裝心錨的四個要訣

心錨的使用並不難，麻煩的是設定心錨需要一個過程。因為想要使用心錨，就必須讓你的身體在某種狀態下，記住某頻率的感受，而要做到這一點，必須讓身體在某

種特定狀態下與那段頻率連結才行，所以必須有一個過程。

設定好之後，心錨的使用則相對簡單多了，因為想使用心錨的時候，只要將身體擺出當初設定的狀態，就可以瞬間透過身體的記憶，連結到當初自己設定的美好頻率，使自己恢復元氣。而成功設定心錨的條件有……

- ◉ 反應必須是「強烈的」與「純淨的」。
- ◉ 心錨必須由獨特的刺激所引發。
- ◉ 必須正確掌握「刺激」與「反應」兩者之間的時間。
- ◉ 必須注意安裝心錨時的環境因素。

 ## 心錨的設定動作

使用心錨前，我們必須先設定一個動作，設定步驟如下。

- ◉ 先思考一個發動心錨的動作與口號，你所設定的動作與口號，要儘量帶有正面意義，或強勁有力的感覺（例如勝利歡呼時的動作，或擺出衝勁十足的姿勢）。
- ◉ 在每次感到興奮、喜悅、衝勁十足或其它想記錄的正面情緒時，就擺出之前設定的姿勢，並喊出口號。
- ◉ 重複第二步，一段時間後，你會發現自己已經把先前的正面情緒記錄下來了，這時心錨的設定就算初步完成，只要擺出姿態，心境就會有所不同。

心錨的應用，目前已被廣泛運用在企業界、教育界、自我成長與心理治療等領域，許多幼教老師會在教學的過程中，巧妙地幫小朋友安裝心錨，幫助他們克服不喜歡的東西、食物，或減少一些壞習慣。

3 心錨設定的注意事項

設定心錨雖然不會很困難,但仍有些地方要特別注意,以下列出幾點供讀者參考。

▶ 姿勢:在設定心錨時,不能隨便擺放動作,最好使用具有正面意義的動作,或衝勁十足的姿勢,這樣會有事半功倍的效果;如果你使用的姿態帶有負面意義,但你不自覺的話,可能會產生反效果。

▶ 口號:心錨的設定,除了發動姿勢外,最好同時搭配正面的口號輔助,將大大增加心錨的威力,也能減少設定的難度,例如:「耶!」、「成功!」。

▶ 特定音樂:若沒有口號,可以使用特定音樂來配合發動姿勢,這樣能更容易將某種特定的感受設定成心錨;但壞處是未來發動心錨時,你必須配合音樂才能產生效果,方便性會大大降低。

▶ 時間:心錨的設定需要一些時間,因此你必須常常在興奮、喜悅、衝勁十足,或其它正面情緒的時候,使用你的發動姿勢與口號,這樣才能讓口號與姿勢,慢慢和這些正面感受聯想在一起,當感受與發動條件統合在一起後,心錨的設定就算完成。

在這忙碌的社會中,有太多人不斷在追求事業、財富、成就,並誤以為那是喜悅、愛、平靜的內在狀態,其實不然,內在的喜樂反而才是通往外在創造財富、健康、成就的先決條件。

我們最常提到的激勵大師安東尼‧羅賓(Anthony Robbins),他每天都會進行心錨激勵,早上睡醒先坐在床邊,想像一隻手能替自己帶來成功、財富、幸福……等正面感受,然後迅速將這隻手朝自己臉上衝過來,想像這些成功的

感受完全進入內心後，才開始他一天的工作，這就是將心錨與內在的愛、成功、幸福整合為一的有效自我激勵模式。

完成設定後，未來在觸發心錨時，當初記錄的正面感受會瞬間上身，深深地體會到這個工具有多方便！

NLP 還有個快速消除悲觀想法的技巧，稱為「換框」（Reframing），顧名思義就是用不同的觀點思考事情，並賦予它一個新的框架。

換框就是「事件本身並無特定意義，端看當事人賦予的看法為何」，簡單來說，事情會因看法不同，心情的感受也會有所不同，就好比杯中的水「剩下一半」與「還有一半」，同樣的情況會因為詮釋的不同，而有不同的感受。

框架重組可以應用在與人溝通上，也可以運用在演講激勵等生活工作等很多領域，是非常有效的工具。那什麼是事情的意義？無非是透過自己的信念（Beliefs）、價值觀（Values），將事情貼上標籤；其實事情本身沒有意義，意義都是由我們賦予它的，因此它可以有好的意義，也可以有不好的意義，完全取決於我們怎麼看它。

我們所理解的事情、不同的意義，又會給我們帶來不同的感受、情緒，而這些感受、情緒便是推動我們做某些行為、不做某些行為的動力。因此，在過程中可以發現到自己可能有一些負面的信念，然後透過回應讓你看到事情其他正面的意義，你的感受、情緒也就產生轉變了，從而引發新的有效行為，而一般 NLP 有以下三種換框法。

1 意義換框法

所有的事物本身是沒有意義的，所有的意義都是我們所賦予，所以，同一件事情可以有不好的意義，也可以有好的意義，更可以有更多其他不同的意義。舉例……

A：「我的老闆是一個對工作特別要求的人。」

B：「跟著這樣的老闆，對你個人成長有哪些幫助？」（透過意義換框，讓當事人同時看到正面的意義。）

2 環境換框法

同樣的事情,在不同的環境裡的價值會有所不同,找出有利的環境,重新思考某件事情的價值,從而改變有關的信念。環境換框法和意義換框法可以一起使用,能大大改善我們的思想技巧,對日常工作和生活非常有效。舉例⋯⋯

A:「當好幾年模特兒了,現在年紀大了,在業內已漸漸不受寵啦。」
B:「又有什麼行業是年紀越大越吃香的呢?」

3 時間換框法

以一個較長的時間軸去看某件事情,我們都活在時間和空間之中,但我們可以在相同的空間思考過去、現在和未來,這是人的思維能力特質。舉例⋯⋯

A:「我失戀了,我很痛苦。」
B:「你想痛苦多久呢?」

無論是哪種換框法,都是讓當事人從一個較狹隘的視角看到更大的空間,從而產生新的選擇、新的可能性。有選擇就是有能力,當事人會從中選擇對他最有利的行為。

我們的人生總是被很多的框架(信念、價值)所框住,親愛的朋友,你的框架是什麼?又是如何透過換框讓自己擁有更多選擇的可能性,進而擁抱一個更順利、快樂的人生呢?

每個人心中都有很多事情想完成,但總會被諸多牽絆所影響,使我們在未踏出第一步前就過度謹慎,內心擔心恐懼,以致任何原因都能

成為阻擋我們向前邁進的藉口，最後選擇打退堂鼓；所以，當我們看著其他人順利完成心中想追求的目標時，就會打從心底羨慕他們。

且隨著年紀的增長，你會更難去追尋、嘗試新的事物，很多事情就像旅行一樣，當你做出決定並跨出第一步的時候，其實就完成了，最困難的往往都是開始。

在 NLP 的框架訓練中，有個基本的前提假設：重複舊的做法，只會得到舊結果，唯有做法不同，結果才會產生不同，任何創新思維的做法，都比舊有的做法，多一分成功的機會。

所以，NLP 強調先改變自己，別人才有可能改變，改變是所有進步的開始，有時候我們必須把舊的想法放下，才能看到突破的可能性，倘若放不下自己目前的狀態，始終專注於問題本身，便看不到其他的資源與機會，停在原地踏步。

因此，假如你覺得現在這樣做的事情沒有結果，記得改變做法，別忘了新的方法不管好壞，都比舊的多了一分成功機會，希望明天比昨天更好，希望明年比今年有更富裕的生活；若不想改變，你內心的壓力只會越來越大，認為自己老在面臨生活與前途上的威脅，因此，唯有不斷改變做法，才能和各方各面保持理想的關係。

與各位分享一個案例，有一知名企業欲招募某部門的高階主管，他們委由獵人頭公司代為尋找人才，廣發英雄帖，網羅到的適任者履歷都相當漂亮，可謂高手雲集，更不乏曾在知名上市公司任職的專業經理人。

接著要開始進行一連串的面試，在該企業主考官的層層嚴考下，篩選出 7 名菁英人士，這 7 位的實力不相上下，讓主考官著實傷透腦筋，不知道該如何從中挑出最適任的人選。這時公司內一名資深的主管提議設計一個 21 天的外宿活動，藉由團隊野營、大地遊戲等活動，從他們的活動表現來定奪。

　　而這 7 位在活動的過程中，完全忘掉這是面試的一環，忘了彼此間的競爭關係，玩得不亦樂乎。活動結束後，面試官個別邀請他們進行最後一次的深度面談，聊聊他們在這次活動中，對其他競爭者留下什麼印象。這是一個多麼簡單的問題，每位面試者無所不用其極地挑出其他人的缺點，闡述對方的能力有多不足，大肆貶低競爭者，彰顯自己的優勢。

　　每個人的答案幾乎如出一轍，但這不是主考官想要的答案，能力與否他們自會定奪，不禁暗自搖頭，對這些能力超群的菁英們大失所望。這時輪到最後一位進行會談，而這名菁英不同於前面幾位，給出不一樣的答案，他仔細分析出其他競爭者的優點，將各個擅長的領域觀察得很透徹，令主考官眼睛為之一亮。

　　主考官對這位應徵者的侃侃而談表示讚許，心裡想著這不就是公司需要的人才嗎？接著又向他出了最後一道考題：「那你可以說說自己的優點是什麼嗎？」應徵者聽完靦腆一笑，說道：「我的優點就是看見別人的優點，從別人的優點中，得出自己可以學習及反省的部分，在這 21 天的活動中，我和大家處得也相當不錯，這是相當開心的 21 天體驗。」

　　主考官又問：「難道你不怕被淘汰嗎？你一直陳述競爭對手有多厲害，那你不擔心自己的處境嗎？不擔心自己可能被篩掉嗎？」

　　應徵者回：「我當然希望自己能應試成功，但其他競爭對手十分優秀也是事實，我必須很坦誠地面對這點，因為有很多地方確實是我不及於人的。」主考官聽到這名應徵者發自內心的告白後，忍不住拍手大聲讚美他，並告訴他：「你就是我們公司想要的人，一位具備合作精神，又誠實大度與人相處融洽的不二人選。」

　　馬雲在創業的過程中，也有幾個相當不錯的案例，當初他沒錢、沒技術，也遇過許多強勁的競爭對手，更受到許多創投者負面的批評，在此提出來與各位討論。馬雲之前曾在某公開演講場合上，榮獲主辦單位的邀請上台致辭，整場活動中有許多企業大老上台演講，不乏馬雲的競爭對手，但不同的是，他的競爭對手花了 5 萬元美金才獲得上台的機會，馬雲卻一毛都沒有花到。

　　敵對公司知道後，向主辦單位抗議，表示整個活動的不公平，主辦方回應道：「你雖是花錢獲取演講機會，可我們之所以會邀請馬雲上台，完全是應觀眾要求，並非我

們自行決定。」聽到主辦單位這麼說，競爭對手更為不滿，忿忿不平地說：「我有一艘豪華遊艇可以開到香港停泊，在此邀請所有演講者免費上船享受，唯獨馬雲不能上船。」馬雲將這次的經驗銘記在心，時時提醒自己的高度絕對要比競爭對手還要高。

還有一個是馬雲和知名創投孫正義的例子，兩人都相當欣賞對方的優點，馬雲始終認為孫正義是一位成功且眼光獨具的投資者；而孫正義對馬雲的觀感也相當不錯。

有次孫正義邀請馬雲商談合作投資，會面後，馬雲直接表明自己不需要太多資金挹注，他需要的是一位清楚自己經營理念、志同道合的投資者，孫正義聽到馬雲這麼說，便爽快的拿出 2,500 萬美金投資馬雲的公司，並承諾從此不干涉他的經營方式。

曾有位智者這麼說過：「站在山下目測，永遠不會知道山的高度；登上峰頂後，你或許會認為自己爬得很高，但唯有你駐足觀望遠方，綜覽遠方群山，那才足以證明你站得很高，倘若你仍需仰頭直視才看得清山巒，那就代表你的高度還不夠，你仍需繼續往上爬。」

試著透過 NLP，給潛意識一個正向的激勵，對手的高度決定了你的高度，假如你能欣然接受他人的優點及自己的缺點，換個角度思考，你才能更上一層樓，擁有的機會也才會更多。

　　偉大的發明家愛迪牛，有次他的實驗室失火，所有的設備儀器和研究報告都被燒光，愛迪生一家人趕到現場，站在熊熊燃燒的大火前，愛迪生臉上非但沒有愁容，還幽默地對妻子說：「親愛的，看哪！多大的一場火啊，把我過去所有失敗的實驗結果、錯誤的數據都燒掉了，這說明上帝將帶給我新的數據資料和實驗結果。」果不其然，就在火災後 14 天，愛迪生發明出留聲機。

　　愛迪生曾說：「我才不會沮喪，因為每一次錯誤的嘗試，都會使我更向前進一步。」所以，每當你做錯了某事失敗的時候，你可以告訴自己：「太好了！我又有一個成長的機會！」運用換框的方法，找出一個對你有幫助且可以帶來成功、快樂的框架，人生就會開始不一樣。

　　而 Business & You 便是你轉換框架的跳板，親愛的朋友們，跳上來吧！任何的學習，唯有自己親自體驗過了，在自己身上得到證明，我們才會知道那是不是真的，本書所提供的觀念與工具，值得大家借鏡。BU 二日班讓我們的內在富足後，外在也跟著富足！且讓我們透過 Business & You，進入創造財富、翻轉人生經濟，找到幸福與快樂，從此展現你不同的人生吧！

BU 二日班上課剪影

3 Days 快樂創業

「以《BU 紅皮書》與《BU 綠皮書》兩大經典為本，保證教會您成功創業、財務自由之外，也將提升您的人生境界，達到真正快樂的人生目的。此外，更藉遊戲讓您了解 DISC 性格密碼，對組建團隊與人脈之開拓均將起到關鍵之作用。」

什麼樣的人適合創業？除了財力，還需要什麼創業準備？成功的獲利模式是什麼？如何第一次找投資人就上手？創業的問題百百種，成功的模式更無法完全模仿複製，關於創業，不同產業的成功 know how 學不完沒關係，Business & You 告訴你最重要的一件事：就算不創業，也要有創業家精神。

每個人的內心深處，都有一股創業的衝動，沒有人甘願一生只為別人工作。根據「青年創業現況調查」顯示，有高達八成六的青年人有創業意願，包含64.9％的人「有興趣但未行動」、8.1％的人「已創業」、6.5％「曾創業但失敗」，另 6. 1％受訪者則表示正在「籌備中」。每個創業家都像擁有美國夢的淘金客，但真正成功致富的人卻很少，創業成功的人往往只占少數，創新構想還沒落實，就已胎死腹中。

我時常和別人談創業，可得到的回覆大多是創業太難、不容易，看著他們不斷替自己找理由，一談到創業開口閉口都是：「沒資本、沒產品、沒經驗、沒人脈……」等云云，不免為他們感到可惜。若他們看到身邊有朋友和

他們一樣什麼都沒有，就「很莽撞」的跑出去，更認為對方不符合「做了好幾年有了經驗，存夠了錢，也找齊了門路，終於媳婦熬成婆跑出來自立門戶」的創業家標準故事，他們只有擔心而已，心中的答案總是「No way」，抱持著負面、消極的態度，但創業真是如此嗎？

各位欲創業的讀者們，你可以好好想想看，「創」可以解釋為開創、創造，簡單來說就是一個動詞；而「業」就是事業，一個名詞，相信大家都能理解，對吧？那「創」和「業」合在一起就是開創事業，而開創和創造本就是實現從無到有的一個過程，靠的是一個欲望、一種心態。

彼得·杜拉克曾說：「創業精神是一種行為，而非人格特質；他們藉著創新，把改變看做是開創另一事業或服務的大好機會。」所以，未來的人最重要的三種能力……

☐ 學會開創
☐ 建立社群
☐ 接受失敗

其中開創是最重要的一點，學會創造一份最適合自己的工作。一般人對於工作的定義多半是學校畢業後，在人力銀行上打開求職窗口、投遞履歷，等待面試、等待通知、等待上班；當你錄取之後，工作就是：完成老闆交代的事情，等著年終考績領獎金、每年期待是否加薪，是 3% 還是 5%？

但你是否曾思考過，倘若離開現在的職場，你還能不能過得更好？你想像過如果有一天被開除了，還能不能生活下去呢？或者，你有沒有夢想過，自己創造一份最適合自己的工作？而創業家又應具備哪些精神呢？

☐ 認同事業價值，不顧一切地投入熱情。
☐ 自學能力，吸收他人經驗，堅定自己相信的事。
☐ 當責，授權不授責。

□ 利他精神，持續創造並累積更多無形資產。

□ 悲觀時樂觀，保持正向的心，能自我打氣。

你是否曾想過「創業家精神與你有什麼關係」這件事情？這不僅與企業老闆或是創業家有關，在現今數位應用、自動化、機器人等科技高速成長的時代，不管創業與否，每位職場工作者都應該用「創業家精神」看待自己的工作。因為未來最有價值、最無法被科技取代的，就是工作者的創新與創意，任何「勞力不勞心、動手不動腦」的工作，前景都是堪憂的。

當你具備創業家精神；當你能拒絕等待別人告訴你該做什麼，以行動實踐創意；當你找到適合的夥伴，並建立起內外部社群；當你擁有好產品和創新技術後，你還需要了解競爭的生態系統，建立一套商業模式。

不同產業成功的 know how 可能南轅北轍，即便是同個領域，成功的商業模式也很難被完全複製；因此，在創業軌道上行走，每天都可能是新的模式，必須不斷實驗，增強信念，克服內心對未來的未知與失敗的恐懼。

現在的年輕人，不管是白天上班，晚上端盤子，都應該要為創業有所準備，而且這是一種必要的準備。當台灣年輕人還在為 25,000 左右的最低薪資爭議不休時，大陸年輕人早已在談創業；中國政策鼓勵 18 歲創業，如果你念大學時，還沒有考慮過創業的話，那 22 歲大學畢業後，就只能在那些創業者之下工作了，他們甚至有可能是你的同學，這是相當殘酷的事實。

很多人會想：「等我有錢的時候再去創業。」這想法其實是錯誤的，千萬不要等有錢才想到創業，創業絕對不是有錢才能做的事情，創業夢從沒有錢的時候就要開始，未來才慢慢具備創業的能力；所以，請從現在就開始累積自己的經驗和資源吧！

其實你大可登記成立一間公司放著，如此一來你就擁有股權，你就是法人，買東西時還可以開立統編報稅；如果你想和別的公司合作，但只要你不是公司法人，就沒辦法談生意、談股權，所以法人登記是十分必要的。

假設現在有一群年輕人想要創業，我會建議每個人都去登記公司法人，好比有30人，那就設立30間公司，你擁有自家公司71％股權，另外29％分給其他夥伴，大家都握有其他29間公司的股權，這樣又可以組建為一間集團。

然後先頻繁地召開聚會、討論，等有明確的大方向、策略後，就能馬上配合，互相合作。這麼做的目的是什麼？當你有創業思維時，聚會討論、蒐集的資料內容就會與創業有關，互相分享創業的資訊，一同做市場調查，加以分析討論，彼此間相互鼓勵，如此一來，創業的夢就會越來越清晰，更有實現的可能。

反之，如果你沒有創業思維，三五好友聚在一起就只懂得喝酒、聊天、唱歌，你們的聚會內容就會完全不同、向下發展，與其這樣，不如齊聚一心，組建一個創業的社群，若以社群的經濟角度來看，這個創業群體肯定能帶來很大的幫助，產生很多正面的影響力。

你可能會想，就算成立了公司，也不知道要做什麼啊！這個問題你其實完全不用擔心，因為人的一生，有 70％ 的時間都在修正目標，約 30％ 的時間在設定目標，所以你不用馬上決定要往哪個方向發展，過程中你會不斷地修正，最後才修正到你真正想要的。設立公司是讓你下決心開始，而你的業務經營，可以在討論、合作、開發、籌備的過程中修正，直到你要的東西出現為止。

第一次創業，並不代表就是最後一次，所以不要給自己「只許成功、不許失敗」的壓力，關鍵是你必須汲取經驗。所以，白天上班、晚上創業的案例是非常多的，白天的工作是你經濟所得來源，可以維持你的基本生活，晚上是為你的夢想而準備，這樣才有機會完成夢想，我並不希望你立刻離開現有工作去創業，而是以同步進行的方式，千要不要衝動離職，先試圖發展斜槓試試看吧！

白天的工作，是累積未來創業所需要的基礎與經驗，是撫育你未來創業的花園。在你原有工作裡所處理的事情，一定能帶給你很多的影響與幫助，不管是在什麼情況下出現。今天，如果你是一位大學生，也可以白天讀書、晚上創業，同樣的道理，白天在學校讀書，參加社團活動，也會替自己帶來很多幫助。

創業人需要經驗的累積，所以累積經驗是很重要的，大學生白天認真上課學習，晚上可以朝你的夢想前進，18歲大一時創業設立公司，從大二、大三到畢業，一步步朝夢想前進。

有句話說：「時刻準備著」，就是要時時刻刻都處在準備的狀態，這些東西都會在轉彎的時候有所收穫，你白天所努力付出的一切，都是為了未來而準備、收穫，很多優秀的創業者，都不是那些每天只單純上、下班的人，而是上班的時候，就開始利用

時間為未來創業做準備，才有可能創造出更好的、屬於自己的事業發展格局。

而「情懷」也是創業很重要的核心，什麼是「情懷」呢？它類似於內心一種心靈雞湯的故事，以下分享幾位創業者的故事，大家就能更知道我指的情懷是什麼。

1 「三個爸爸」之父親的創業情懷

「三個爸爸」公司創辦人戴賽鷹，在 2013 年前，他是「婷美集團執行總裁」。可年近四十的他在當上爸爸之後，卻忽然辭去了原本報酬豐厚的工作，跑去創業、製造空氣清淨機。北京空氣極差，孩子晚上睡覺睡不安穩，他深深感嘆自己身為父親，卻無法保護好孩子，為此相當自責，他發誓一定要守護孩子健康，於是四處去尋找空氣清淨機。

他想要找一台能去除 PM2.5 和甲醛等有害物質，又不會對孩子造成其他傷害的空氣清淨機，但找了許久，他發現市面上竟沒有任何一台符合他的需求，因而萌生不如自己來做的想法。他與幾位老朋友聊到，也意外發現這竟是大家共同的痛點。

「為什麼不自己造一台專給孩子用的空氣清淨機呢？」同樣將迎來新生兒的好友提議，一語驚醒夢中人，於是戴賽鷹辭去工作，出來創業，研製一款兒童專用的空氣清淨機，「三個爸爸」也因此誕生。

這群為了孩子著想的父親們，因為對孩子的這份感情，而決定投入這件事，這就是所謂的情懷、使命，他是一位有情懷的父親，這就是一種具有故事性、與生命交關的情懷。

2 55 度杯：創意源自一滴淚

洛可可設計公司為什麼會做出「55 度杯」？創辦人賈偉的小女兒在一、二歲時，因為想喝水，不小心弄倒一杯熱開水，杯中的水潑在女兒的臉和胸口上，皮膚被燙傷。只要想到這意外事件，便讓他覺得十分痛心，事發當下，身為父親的他是多麼的無助，只因從小並未受過「沖脫泡蓋送」的觀念教育，不知道該如何是好，無法先做緊急處理，只曉得趕緊將孩子送往最近的醫院急診。

看著自己的寶貝女兒在加護病房治療，因燙傷疼痛而哭鬧著，醫師為便於處理，

還將孩子的雙手綑綁住，站在病房外的父親只有心痛跟擔憂，懊惱著無法為孩子承受痛苦，於是在心中起了一個念想，思考著如何為女兒製作一款安全神器，致力研究降溫水杯，即便是剛沸騰的 100 度熱水，只要倒入瓶中搖動 10 下，就能馬上降溫至 55 度，希望不再有被熱水燙傷的憾事發生，這也是一種情懷。

　　創業不該只是為了錢，要是為了某種理想的實踐，有故事的人，他的生命一定也比較精彩，有使命的人，他的生命一定也比較璀璨；所以，故事、使命，加上責任，這三種結合一起，當你有使命，為了這個使命去承擔責任，並以故事流傳大眾，讓大家追隨，這就是「情懷」的最佳注解，也是創業最大的動力。

　　且現今科技日益發達，AI 智慧、機器人又不斷產生革新，每天睜開眼，打開新聞，又有一些新發明誕生，若你還只滿足於現在那看似「穩定」的工作，勢必是要吃悶虧的，你的工作遲早會被取代。

　　過去這一年，有關「無人店」的計畫越來越多，比如沃爾瑪對抗亞馬遜籌劃的無人超市專案；為解決老齡化問題的日本便利商店；中國的無現金支付門市等。按照世界經濟論壇（World Economic Forum）的估算，一旦所有的自動化技術都投入使用，全球 30%～ 50%的零售業工作都有消失的風險。

　　最明顯的是已普及 20 多年的自助機器，按照英國諮詢公司（Retail Banking Research）計算，全球自助結帳機的數量，到 2021 年將增加至 32 萬。在未來幾年裡，光是在美國，雜貨店收銀員與打包人員就會分別減少 4 萬和 3 萬人，那你的工作呢？

　　因此，在大環境的轉變下，你更要驅使自己改變，想辦法增強自己的價值，你有專長不重要，重要的是你如何讓自己的專長不被取代；你有技能不重要，重要的是如何讓你所擁有的技能，創造出更多的價值？將專長、技能加以整合，成為你不可被取代的關鍵，便很容易擁有財務自由。

　　創業也是一樣的，你不能將它視為一份屬於

自己的工作而已，你要將它視為一家企業來經營，所有考慮跟決定，都要經過你的內化、整合。因為企業任何一項的改善或惡化，都會對收入造成影響，且隨著斜槓青年的意識抬頭，你所能提供的專業只會更稀缺，若用物以稀為貴的道理來說，多重專業的價值，也會隨著斜槓青年的增加而提高。

自從「知識經濟」的經濟型態出現後，運用知識資訊促進經濟成長、推動市場發展成為常態，隨之而來的，便是創業市場上出現許多以知識或技能為導向的事業形態，好比擅長整理物品的人，出售自身的收納知識，提供他人空間布置的服務諮詢，又如精通木工的人，以改造舊家具的「舊翻新」技藝招攬客戶上門，這意味著知識與技能的變現，只要滿足了市場需求，無論最後成品是有形的商品還是無形的服務，都能創造出利潤空間。

當你試圖創造斜槓時，可以檢視自身既有的知識技能資源，想想自身的知識或技能是否能提煉出「市場價值」？又有哪些人可能因為這些知識技能的協助，而滿足需求、獲得益處？不僅彰顯了知識經濟創業型態的活力與前景，也讓知識技能與實務經驗、市場需求妥善結合，爆發出意想不到的經濟能量。

每個成為斜槓青年的人，都有自身的動機與原因，比如追求理想的實現、證明自我能力、積極累積財富、建立符合自我期望的生活模式等等，但對方在談及成長歷程時，你聽到的肯定是他們一開始根本沒想過成為誰，直到許多事件的累積與思緒震盪後，才意外地認知到自己的人生型態已產生改變。

且，如果你具備某種專業知識，你除了能在特定領域中發展之外，也可以利用知識與經驗的延伸、發散與移植，另行尋找出潛在的服務與需求對象，繼而開創出一條市場出路。但假如你不打算在與自身學識相符的領域中發展，又或者沒有特別專精的知識技能，只有一身在社會大學中打滾摸爬所累積的工作經驗也不要緊，你依然可以加入知識經濟的行列。

1　突破思維定勢，替自身知識技術找尋利基市場

　　許多時候，人們會以制式思維運用自身的知識技術，導致他們潛在的市場價值被低估。換言之，你所擁有的知識技術在 A 市場的表現或許平平，但經過轉移、重組、揉合的過程之後，卻很可能在 B 市場滿足某些人的需求，甚至開發出潛在商機，比如「犬輪會社」創立人傅凱倫，他用自身機械設計的知識技術，投入寵物輪椅的研發製作；設計公寓 DesignApt 創立人邱裕翔，善用複合性的知識技能代理行銷設計師品牌，這些都是突破思維定勢、為自身知識技術挖掘出利基市場的成功創業案例。

　　任何類型的交易都是「互通有無」的經濟行為，我們要以彈性的思維，檢視自己的知識技術資源庫，思考你能提供的服務或商品具有哪些優勢，只要握有他人願意用金錢交換的服務或商品，即便最後目標對象落在小眾市場，也能創造出自己的價值。

2　善用專業背景與人脈資源

　　專業象徵著可信度，當你的知識技術歸屬於專業級別，尤其還領有某些證照時，將之運用於可發揮優勢的市場，不僅能創造收益，還能營造出專業人士的形象，讓他人對你提供的服務或商品產生信任感與忠誠度。此外，務必妥善經營並累積你在該領域的人脈，因為他們拓展出來的相關資源，通常能助你一臂之力，且日後很可能會以某種形式，成為你的事業合作伙伴。

3　從生活經驗洞察市場需求，快速進行連結

　　挖掘市場價值最快速又最有效的方式，就是從你自身的生活經驗中去探索！千萬不要把它想得太困難，特別是當你掌握了某些知識技術時，務必思考它們能幫助哪些人解決生活問題，可以用來讓哪些事情變得更便利，從最實際的生活需求中，去展現

你的價值並獲得成功。

　　隨著文明科技的持續發展，人們的生活型態經常發生變化，從而衍生新需求，但這些新需求通常可以藉由既有的知識技術重組或整合獲得滿足，所以當你嘗試開創其他價值，卻茫然於不知從何著手時，不妨回頭檢視自己的知識技術資源庫，或許能引領你邁向多元人生的坦途。

　　過去我們在考量職涯時，基本上都只有一種策略「縱向單一發展」，根據自身優勢決定職業，再一步步往上爬。而現在，斜槓帶來了一種截然不同的策略——橫向多元發展，也就是根據自身優勢與愛好發展多種領域，並獲得多重收入，若可以，你更要朝財務自由前進。

　　有句話說：「沒有用不到的工作經歷。」從實戰工作中獲得的知識與技能不僅寶貴、具有實務操作性，也能在融會貫通後，彙整成「複合性」的知識技能，只要懂得加以綜合運用，在面對市場、創造需求時，它們就是那最有力的武器，使你充滿價值。

　　將既有的知識技能加以重整、揉合、再創造，繼而將之拓展、擴散、應用於市場及社會，這意味著即便你最擅長的僅是拿著抹布與拖把整理居家環境，也可以試著把家事清潔的相關知識、技能轉化成生財資源。而在運用自身知識技術創業時，如果你能掌握基本要領並「舉一反三」，不僅有益於你的斜槓鑄成，更可能找到創業的契機！

　　祖克柏曾說過：「成功不是靈感和智慧瞬間形成的，而是經年累月實踐與努力的工作。所有真正值得敬畏的事情，都需要很多的付出。」因此，當我們在審視祖克柏的成功時，不能只看到其成功的果實，想想自己是否也有他那不斷挑戰自己與解決問題的毅力，是否也具有創業家精神。

　　想要創業，你得問自己四個問題，首先，你的產品是什麼？產品是廣義的，它不一定是有形的，也可以是無形的，更可以是一種服務或某種構想，這些都可以叫產品。再者，你的創意在哪裡？人才招募的方式是什麼？是否需要團隊？請注意，思考這些問題的前提是，你必須具備領導力，因為

現在是你自己要創業，而不是加入別人的事業。好比說，如果你加入馬雲的團隊，那需要具備領導力的是馬雲，不是你；但如果你想成為馬雲這樣的人，那你就必須要有領導力。

除了領導力外，你還要懂得利用外在資源，借別人的力，成自個兒的事。一個成功的創業家，通常不是他的能力有多強，而是他能借用多少力量、調動多少資源，來完成夢想、成就事業。經營企業說到底還是經營人，管理說穿了就是「借力」，因此，經營企業的過程是一個借力的過程，只要有越來越多的人願意把力借給你，那企業就會成功。

所以，那些成功的創業家，靠的不是他個人能力有多強，而是他能整合更多的資源，也就是所謂的「借力」。失敗的領導者，以其一己之力解決眾人問題；而成功的領導者則集眾人之力解決企業問題。

創業、研發、產品製造不一定都是從 0 到 1，需要自己親力親為，懂得善用「借力」才能讓你事半功倍。舉例來說，如果你要舉辦「員工教育訓練」，那有「活動企劃」、「場地」、「流程安排」、「主持人」……等眾多細節要處理，活動才能辦得成功。但你不一定要自己舉辦活動，只要目的相同，你也可以借用「他人」之力，參加別人的「教育培訓營」。

精明創業者的成功之道在於，他可以整合一切能為自己所用的有利資源，如平台資源、人脈資源、職業資源、資訊資源、專業資源、資本資源等。

創業時，如果能借用他人之力，解決資源短缺問題，那創業是不是就相對容易多了呢？那什麼是他人之力？對創業者來說，它可以是創業資金、生產設備、生產原料，也可以是技術、關係、權勢……等，好比胡雪巖借官銀開錢莊，希爾頓借他人之地和資金，興建希爾頓大飯店。

那為什麼要借用他人資源呢？不僅是因為資源短缺，主要是因為「借用」他人的資源，有助於提高創業的成功率，獲得更好的發展，提高工作效率，增強競爭力。任何人、任何企業都無法跳過「從弱變強」的過程，當自己處於弱小的時候，要能借用他人的力量「借」力發力，從而更好地成長，善用彼此資源，透過「借」力發力，創造共同利益。

像在 2018 年退休的李嘉誠，他當初獨自創業，靠得是什麼？就是眾多貴人的幫忙。他認為，創業只有兩個方法：造船過河和借船過河。他說：「人生路上，首先要找到人生的導師，借用成功人士的眼光去了解趨勢、確定方向，先借力而後能力；先借船而後造船；抱團打天下！」

造船需要的是實力，因此最有智慧的人並非能力強，而是會借力；會借力的，往往才是最有智慧的人。例如：你打算開間小店，做個小生意、小買賣，資金、貨源、物流、倉庫、店面、房租、員工、人事、管理、同業競爭等，這些大小事都需要你去處理、張羅。

而目前的市場環境跟三十年前大不相同，供大於求，各個產業呈現飽和狀態，像很多人都想開間咖啡廳、複合式餐飲，自己做老闆，用盡心思經營、競爭，勞心勞力，在如此紅海競爭的你，這一小事業又該如何突破重圍呢？

若要靠實力競爭，便是大魚吃小魚，小魚吃蝦，蝦吃泥。所以，有智慧的人絕對不會靠自己的力量去對抗大鯨魚，懂得借力，才是你在浩浩海洋中的生存之道，不然你只會成為小蝦米對抗大鯨魚下的蝦泥。

因此，當你覺得自己的實力、能力還不強或不夠強大時，先借力，借船過河、養精蓄銳，等實力強大後再造船也不遲！且借力除了借周遭朋友的力量外，你更可以跟陌生人借力，也就是「眾籌」，這部分下一節（四日班）會再詳述。

而創業，難免需要與他人組建團隊或與他人合作、相處及溝通，因此，Business & You 三日班的課程中，也會告訴你如何判別自己和他人的個性，藉由 DISC 測驗，學習了解自己和他人的性格模式，看清楚自己的盲點，自發性的改變和調整溝通技巧。

DISC 背後的思想核心可以回溯到古希臘之遠。希波克拉底是著名的〈希波克拉底誓言〉（Hippocratic Oath）的創始者，他是第一個以四項個別因素探討人類行為的人，以「火」、「氣」、「水」、「土」這四種希臘元素為基礎，在他死後，這個思想仍被醫生沿用了一千多年。當然，現代的 DISC 技術比希波克拉底所使用的四種元素更具科學基礎，可儘管如此，他的基本原則在今天仍十分有效，且他所發明的用語及其學派，例如：melancholic（憂鬱）和 phlegmatic（懶散）仍被普遍使用。

人類的行為有如冰山，在冰山底下有 90％是看不見的（如：想法、感覺、情緒、價值和需要……等），冰山上只造就了一成的可見行為。DISC 是一種人類行為的語言，其基礎為美國心理學家馬斯頓博士（Dr. William Moulton Marston）於 1920 年代的研究成果。馬斯頓博士的研究方向有別於佛洛依德（Sigmund Freud）和榮格（Carl Gustav Jung）教導的異常行為，他觀察的是可辨認的正常人類行為。

人類具有四種基本的性格類型，也被稱為「人類行為的四種模式」，這些性格元素以複雜的方式組合在一起，構成了每個人獨特的性格。馬斯頓博士發現行事風格類似的人會表現出類似的行為，這些行事風格雖然多元，卻都是可辨認、可觀察的正常人類行為，而這些行為也會成為一個人處理事情的方式。

其後，心理學家便提出了數十種不同的行為分類模式，有些模式甚至包含超過十種以上的人格類型，這些人格模式有的被賦予抽象的名稱，有的則以鳥類、動物或顏色來命名，但仍以四種類型的區分方式最被廣泛接受，這四項元素的組合造就了許多評量方法，而 DISC 就是其中的一種。

1920 年代，美國心理學家馬斯頓博士發展一套理論，用以解釋人類的情緒反應。當時，對於這一類的研究仍侷限於心理疾病或是刑案上的精神錯亂方面，然而馬斯頓想要將這些概念延伸涵蓋到一般人的行為方面。馬斯頓是研究人類行為的重要學者，他設計了一種可測量四項重要性因子的性格測驗，這四項因子分別為「支配」、「影響」、「穩健」與「謹慎」，這套方法也是因這四項因素而命名為 DISC，這就是 DISC 的由來。

1928 年，馬斯頓在他的著作《常人之情緒》（The Emotion of Normal People）中公開了他的發現，並在書中對其所發展的系統作了簡短的敘述，該書首度嘗試將心理學從純粹的臨床背景向外延伸應用到一般人身上。

如此不起眼的開始，DISC 系統現在已經發展成為全世界最被廣泛採用的性格評量工具，如果談到性格模式測驗，DISC 這 4 個英文字幾乎已經成為全世界共通的語言，因為 DISC 不隨種族、法規、文化或經濟地位而改變，它代表著一種可觀察的人類行為與情緒。

自 1970 年代末期開始，許多書商或訓練機構又依據 DISC 的行為基礎，發展並出版了不同的描述方式。現今已有 84 個國家，超過五千萬人次做過 DISC 測試，藉此測驗對自己的行事作風有所了解，並對其準確度感到非常滿意與驚訝，目前這個受惠人數還在持續攀升中，並且方興未艾。

而 DISC 的類型分別為……

1 Dominance（D 型／支配型）

D 型人（Dominance）屬於支配型的人，善於發號施令，以目標為導向，理性、求速度，重結果，熱愛挑戰，不怕壓力，相信事在人為，這種個性的人喜歡求新求變，富有創意，是標準的生意人，有強烈的企圖心與成功欲望。但同樣的，他們也可能較缺乏耐性，想法主觀，欠缺人情味，好面子、自尊心強，不容易接受別人的意見和看法，情緒控制不佳，且好惡分明。

D 型的人適合做有開創性的工作，最好能獨當一面，從事新市場的開發、廣告創意、業務銷售都會比別人容易成功，如果從事公家機關的基層同仁、秘書、空姐、護士可能就不太適合。

2 Influence（I 型／影響型）

I 型人（Influence）屬於影響型的人，標準的樂觀主義者，外向善表達，說話時臉部表情很多，聲音抑揚頓挫，還會手舞足蹈，喜歡歡樂與人多的場合，會帶動情緒，是團隊裡面的開心果，喜歡自由，不喜歡被拘束，對人際關係很敏銳，很能適應陌生場合；但他們是選擇性的傾聽者，時間管理不太好，不太喜歡複雜性高或重覆性高的工作，他們喜歡舞台，希望得到大家的注意，若要他們乖乖的坐在辦公室裡，是一件很殘忍的事情。

I 型的人從事公關、創意、演員、大眾傳播、業務等工作很能得心應手，但對技術性的工作、精細的工作，卻總好像少一根筋。

3 Steadiness（S 型／穩健型）

S 型人（Steadiness）屬於穩健型，是非常有耐心的傾聽者，他們的性格與支配型剛好相反，沒有野心，喜歡從容的生活步調，總按計畫行事，不喜歡太多變動，EQ很高，熱愛家庭生活，作風無私，願意為對方設身處地著想，是團隊非常忠實的擁護者；

他們重視和諧，不善於面對衝突，作風稍顯被動，而且沒有自己的主張。

S型的人當老師、公務人員、心理諮商、客服、行政、秘書、非營利事業組織很適合，但當民意代表、律師、創業家，就很難發揮他們的天分。

4 Compliance（C 型／謹慎型）

C型人（Compliance），謹慎型是理性、重邏輯、流程、數字與精準的人，他與影響型的個性剛好相反，臉部表情不多，快樂與悲傷並不容易在情緒上顯現，他們不擅與人相處，但可以和機器相處，他們注意細節，追求真理，喜歡問問題，對自己和別人的要求都很高，有完美主義的傾向；許多在公務機關待久了，從事會計、財務、法務的工作者都有C型的傾向，或喜歡在實驗室研究的學者，或是科學園區的製造、品管工程師……等都是C型人的大本營。

C型人較為嚴謹，強調專業，對於一些拋頭露臉的工作，像發言人、電話行銷、導遊……等工作較不容易有傑出的表現。

雖然將人的性格特質分為DISC四種，但是人的性格絕對不會只有四種，台灣有句俚語：「一樣米飼百樣人」，全世界有70幾億人口，每個人的個性都不盡相同，因此每一個人都有DISC的因子，只是百分比高低不一樣而已，就像好人有壞念頭、壞人也有好念頭，只是出現的機率不太一樣罷了；理性的人有感性的念頭、感性的人有理性的念頭一樣，這些差異，有些是先天遺傳的因素，有些與父母親所蘊釀的家庭氣氛有關，也有些會受到工作、求學環境的影響，而不同的性格在考慮選擇工作或創業時，就會有不同的考量。

自古以來有著各種分析性格特質的方法，例如「面相」，有人說不同的面相，就有著不同的性格特質與發展，除此之外，還有的用「生辰八字」，也就是出生年月日來看，意思是說同一個時辰就應該是同一個樣子；也有人用血型、星座來分析，這些都沒有對錯，也都是一種分析性格特質的方法。

而 DISC 這套理論觀點是全世界使用較多的，是最普遍化的一套方法，從我們後天的生活環境、教育模式加以觀察，看看這些因素如何影響我們變成今天的特質；也因為如此，這屬於後天形成的性格特質，所以它是有機會改變的，並非完全不能異動。

如果你生活在很熱的地方，有些人可能會變得比較慵懶，這是整個氣候的影響，不是他本生就這麼懶散；如果你生活在一個很冷的地方，你可能就很理性、冷靜，因為沒辦法，屋外冰天雪地，你自然就會習慣在家裡思考。

人的行為特質，可以經由後天的環境改變，你之所以成為今天的你，不是突然變成的，而是一個人在不同時間、地點，發生不同的事情，使你留下不同的經驗，帶給你不同的感受，導致你做出這樣的反應。

你可能曾經對一個人非常好，結果反而受到很大的傷害，那麼從此以後你就不太敢再去付出關心，甚至是信任對方，因為從過去的經驗裡，讓你不願意再讓自己有被傷害的可能。

當你掌握了性格分析的方法之後，可能會驚訝地發現，以往你不但沒有正確理解別人，甚至不了解自己，這正是性格分析一個重要的功能——認識自我。一切的溝通和合作的出發點都在我們自身，只有了解自己，才能了解別人。

如果可以了解一個人從以前到現在所累積的過程，以及所帶給他性格特質上的影響，那這些影響應該是可以修正、改善的，假如無法做太大的改變，至少可以去適應它，或試著發揮這個性格的強項。

例如，有些人做事很謹慎、保守，那你要他加快速度就不大可能，但如果你要評估一件事情，你就可以請他協助，因為他會比別人更謹慎，評估得更完整。每個人的性格裡，都擁有一些不同的特質因素，發揮你特質裡的強項，並避免弱項對你產生的負面影響，像拖延、懶散等等，這是每個人發揮自己性格特質時的一個重點。

一個人最重要的就是與別人相處，有時候你很熱情，說話很快，但嘴快就笨，思

慮可能就不周全，常會脫口而出一些傷人的話，所以你越了解自己，就越容易做適當的修正。成功者有很多特質，而溝通就是其中的關鍵特質，成功的人都善於溝通。

當你與人們達成了良好的溝通，使自己在最大程度上為對方所接受的時候，就能為自己爭取到世上最有價值的資源，為未來的發展打下堅實的基礎。但若要別人接受你，你就要先去了解他們，了解他們的渴望和需求，才能找到最合適的、最能被他們接受的方式與之相處。

許多人把處理人際關係視為畏途，其實溝通並沒有人們所想的那樣困難，在每個人內心中，都有可以被打動的地方，關鍵在於你能否用心尋找。真正的溝通不是靠語言，而是一種心靈之間的交流，當別人發自內心的感動、認同時，溝通就成功了。

但每個人的需求、願望，看待事物的角度和方式都是不同的，這種差異的產生有許多原因，像是出身背景、生活經歷、教育程度等等，而性格便是最重要的關鍵。

性格是自然給予生命的烙印，它使我們天生就會遵循某種行為模式，影響我們對事物的認識、反應、處理。在大原則上，人性會有許多共通之處，但在細微具體的部分是千差萬別，只有了解這些差別，我們才能在溝通上及時把握住對方的感覺、想法，做出正確的回應。

溝通要用對方法，有正確的、好的、良善的溝通，溝通就等於財富，可以為自己創造出更大的價值，所以了解自己、了解別人，絕對是必要之事。

DISC 沒有好壞，只是讓我們能更靈活地運用已有的特質，同時也找到自己可以努力的方向，學習接納與你不同性格的人，也與這些人真誠合作，打開自己的格局。

課堂上進行 DISC 特質分析&討論

⚡ 4 Days　OPM 眾籌談判

「以《BU 黑皮書》超級經典為本，手把手教您眾籌與 BM（商業模式）之 T&M，輔以無敵談判術，完成系統化的被動收入模式，參加學員均可由二維空間的財富來源圖之左側的 E 與 S 象限，進化到右側的 B 與 I 象限，藉由從零致富的 AVR 遊戲式體驗，達到真正的財富自由！」

眾力時代來臨，你知道不用自己的錢也可以成功創業嗎？你在組織人脈建立團隊嗎？你在尋找客源建構通路嗎？你想為產品試水溫嗎？若你正在思索這些問題，不用懷疑，你需要的便是「眾籌」， Business & You 四日班以眾籌與商業模式為主軸，教您如何透過別人，打造出自己的商業模式，從 ES 象限轉為 BI 象限，擁抱財富。

集眾人之智，籌眾人之力，圓眾人之夢

眾籌即群眾募資，也就是：向群眾募集資金來執行提案，或者推出新產品和服務，目的是尋求有興趣的支持者、參與者、購買者，藉由贊助的方式，幫助提案發起人實現夢想，而贊助者則能換取提案者承諾回饋之創業創意產品服務或股權債權；簡言之就是，利用他人的腦袋、他人的金錢，完成自己的夢想！那眾籌的好處有哪些呢？

☐ 集資程式簡便，成本低。

☐ 降低創業風險。

☐ 宣傳行銷及免費市調。

☐ 取得群眾意見與建議。

☐ 找出產品或服務的客群。

☐ 不僅能籌到資金，更能籌到人才、智慧、經驗、
　資源、技術、人脈等多方面的支持和幫助。

　　如果有一天，你有一位只有 idea，但沒有資金的朋友突然成功創業了，不要吃驚，因為他可能從「眾籌」而來；如果有一天，你有一位只有閒散資金，沒有投資目標的朋友突然獲得了多種投資回報，不要吃驚，因為他可能從眾籌而來。

　　如果你想要創業，或單純地想讓你的事業經營得更好，「眾籌」也提供了一個絕佳的機會可以試水溫。想創業的人一定要避免花太多時間找店面、找辦公室、找產品，因為關鍵在於「找客戶」與「找團隊」。你能利用眾籌找出屬於你的產品或服務的客群在哪裡，產品甚至還不需要製作出來，可以利用 3D 模擬展示出來，只要一切合法就沒問題。

　　一旦發現市場對你的提案反應不如預期，你可以抽手不做，千萬不要辭職後，才去眾籌創業，因為過去很多上班族的做法是：先辭職，然後將過去所存的積蓄拿出來租一個店面，開始賣自己的商品，結果最後倒閉了，這樣實在很可惜。

　　只要你有 idea，就可以將它寫成一個完整的提案，發布在眾籌平臺，看看是否能募資成功，成功的話，再辭掉你原本的工作，對你來說生活也更有保障，眾籌可以助你騎驢找馬是也！

　　在眾籌的過程中，你不僅能籌到資金，更能籌到人才、智慧、經驗、資源、技術、人脈等多方面的支持和幫助。無論你是普通人，還是頂尖人物，只要你有想法、有創造力，都能在眾籌平臺上發起提案集資，因為眾籌平臺就是一個實現夢想的舞臺。

　　追根溯源，眾籌的出現，是網路金融發展到一定階段的必然產物，同時也是大眾供需的大勢所趨。從根本來說，眾籌的出現有其現實

基礎，一方面為投資人有對好項目投資的需求，另一方面則是初創事業也有籌錢、籌人、籌智、籌資源的需求，兩者對於提供媒合的眾籌平臺有著強大需求；同時，平臺方面也可以透過創業提案成功融資來賺取佣金，因此平臺建構方面有此需求，也有動力。

正是以上多方需求，促成了眾籌的誕生，並催生其發展迅速，可謂大勢所趨。眾籌雖然順應了趨勢，能為多方創造利益和價值，但只要是投資，必然存在著風險，眾籌存著退出機制不完善、政策尚未明朗、缺乏有效的監管機制、公眾認知度低等風險，這些都在一定程度上影響群眾的判斷與大家對眾籌的信心。

作為新興商業模式，眾籌具有「集眾人之智，籌眾人之力，圓眾人之夢」的屬性，越來越多人想從中分一杯羹，在眾籌飛速發展之後，必將是大規模的「蜂擁而至」，這勢必促使眾籌的形式與發展更加複雜多變。

但政策、法規會隨著社會而異動，眾籌的管理只會越加地完善，因此有這麼一句話：有「道」，大勢所趨；有「術」，利他共贏，眾籌絕對會往更良性的方向發展，請各位讀者不用過於擔心。

巧用眾籌，就能同時找市場、找團隊、甚至能測水溫，更可以找出社群，融入社群，甚至從社群中找出你的團隊成員，也可以讓社群發揮「六眾」（眾籌、眾扶、眾包、眾持、眾創、眾銷）的力量，乃至「N 眾」。當你欠缺「XX」，就可眾「XX」，你所欠缺的一切資源在網路上找就對了，眾籌能幫你有效解決人生問題！

□ 齊柏林「看見台灣」籌募到近 250 萬公開發行經費（FlyingV）

□ 太陽花學運期間，PTT 鄉民 3 小時成功募資 663 萬買下「紐約時報國際版全版廣告」（FlyingV）

☐ 小牛智慧電動機車 M1 籌募超過 7200 萬人民幣（京東眾籌）

☐ 台北市長柯文哲「群眾募資網站」不到 9 小時就募集 1310 萬選舉經費
（2018 市競辦自籌）

透過群眾來籌集資金的眾籌由來已久，甚至可以追溯到釋迦牟尼時代。釋迦牟尼在創立佛教之前過著苦行僧的日子，衣食住行和創辦佛教的資金，全都依賴那些樂善好施的信徒，他們不圖回報，善意地幫助釋迦牟尼，這是最古老、也最樸素的眾籌方式。

臺灣有很多廟宇道觀，其建廟資金來源往往也是眾人捐款集資而來，隨著網路金融的興起，與古代的眾籌相比，現代眾籌有了更深的內涵和意義，並且還是史上最偉大的商機，為什麼呢？因為現在是「網路時代」。

眾籌，本意是透過網路籌募所有你想要的資源，即使你一窮二白、什麼都沒有，你也可以上網去籌募。當然，目前大多是以籌金錢為主，但你也可以募集其他所需資源，現今已經是你缺什麼，就籌什麼——「無所不籌」的時代。

在網路金融的背景之下，我們不能再用狹義的眼光來看待眾籌，網路已賦予眾籌更多的意義與影響力，眾籌已不是過去單純的「籌錢」活動。雖然現階段還是以籌金錢為大宗，但也能籌募其他所需資源，以下列舉幾個可以眾籌的資源……

BU 課程上課剪影

1 眾籌「金錢」

網路的普及與眾籌模式的興起，為苦於資金壓力的創業者提供了更多的機會與融資管道，從這點來說，這個時代的創業者要比過去創業的前輩們幸運多了。

2 眾籌「人」

如果非得排出順序，眾籌「人」應該是第一位的。當一個好的提案發布到平臺上之後，首先需要找到的是一群志同道合、擁有共同價值觀的人；他們可能是互不認識的陌生人，但基於共同的興趣愛好或價值觀，而形成一個隱形的社群，這個社群裡的每個人都直接或間接地影響此提案的進展。

因此可以這麼說，沒有「人」作為基礎，眾籌「金錢」、「智慧」、「未來」，都將成為空談。

3 眾籌「智慧」

眾籌「智慧」，顧名思義，就是聚集群眾的智慧和創造力，為提案發起人提供幫助。智慧是人才最大的優勢和資本，「籌智慧」就是提案發起人透過眾籌的方式，籌集更多優秀人才的智慧和時間，讓這些優秀人才貢獻他們的智慧，幫助提案發起人解決他們暫時沒有能力解決的問題，讓他們的智慧價值得到充分的展現。

而貢獻智慧的高級人才，可以透過賺取股份和現金的方式，成為提案發起人創業團隊的外部合夥人。下面，跟大家分享一則籌智慧的小故事。

學員在課堂上規劃眾籌案

學員在課堂上規劃眾籌案

　　2011 年畢業於湖南湘潭大學的謝露銀，在從事了幾年珠寶類工作後準備自己創業，她想籌備一個平臺，讓大家免費學習國學知識，但不知道該如何具體運作。在朋友的建議下，她特意在微信朋友圈發起了一個創業「眾籌智慧」研討會。

　　有將近 40 人參加這次會議，他們都是來自各行各業的創業者或負責人，以及和她一樣準備創業的人，這些人齊聚咖啡廳，充分利用自己的專業和特長，一同為謝露銀出謀劃策，甚至建議謝露銀將平臺結合自己的珠寶專業。

　　「螞蟻創業俱樂部」負責人之一的黃德玉曾表示，他們走訪了很多企業，發現不同的創業者和企業家有不同的創業資源，但缺乏互相溝通的橋樑。

　　所以他們嘗試免費邀請 300 名 7、8 年級生，請他們將各自的資源訊息集結在公眾平臺，讓更多創業者能妥善地整合資源，發揮各自的優勢資源，互相合作，共同創業。

　　謝露銀的眾籌，即是一個眾籌「人」的過程，也是一個眾籌「智慧」的過程。不同的創業者和企業家有不同的創業資源，而且他們還可以帶動身邊的朋友參與進來，使大家可以在團體裡互通有無，充分利用各自的優勢資源，相互合作，共同創業。

　　類似謝露銀這樣的籌「人」、籌「智」的眾籌活動，在 7、8 年級的創業者當中比較常見。一方面是這時期後的年輕人更具分享精神，願意分享自己的資源和優勢；另一方面，他們成長於網路時代，更喜歡、也更適應眾籌這樣籌「人」、籌「智」的方式。

4 眾籌「未來」

2014年9月15日下午3時，設計師陳柏言歷時3年完成的《後宮甄嬛傳》畫集在眾籌網正式上線，計畫募集50,000元。

然而，出乎所有人意料的是，該提案上線僅5分鐘就超過了計畫的募集資金門檻。最後截止時，總募集金額超過了190,000元，募集達成率為388%。

對於畫集在《後宮甄嬛傳》播出多年後仍受追捧，陳柏言顯得十分冷靜，他說：「不管是5分鐘超募，還是半個月才達到目標，我一點都不在意，我在意的是有多少粉絲能參與到這次的活動中，和我進行交流。我始終認為，粉絲對我作品的認可度，能給我帶來更多的成就感。」

陳柏言坦言，他之所以選擇眾籌模式，是因為作者可以更準確地提前獲知粉絲的需求，減少了出版過程中因為供需不對等所造成的資源浪費，從而可以將資源和資金用在最需要的地方，以製作出高品質的產品回饋粉絲。

在一些人的眼裡，《後宮‧甄嬛傳》又是一次文化界的「非典型性眾籌」，提案發起人的根本目的並不是錢，而是以「籌錢」作為載體，集思廣益，了解消費者的真實需求，提前探測市場反應。

俗話說，三個臭皮匠，勝過一個諸葛亮。智慧與智慧的碰撞，往往可以為一個好的提案增光添彩，大量的人氣累積也為提案的成功奠定了有力的基礎。

而眾籌案成功的基礎在於Business Model，也就是商業模式。好的商業模式不但是眾籌案成功的關鍵，也是牛級VC（Venture Capital，創投或風投基金）關注的焦點，

很多從零開始，卻能快速上市、上櫃的案子，都是因為有好的 BM 或有好的營（盈）利模式。請試著思考以下問題。

Why 顧客為什麼願意付錢購買？

How 客戶如何付費？

What 為何賺錢的公司也會倒閉？

Enough 收入夠付成本嗎？

商業模式就是企業要了解自己要「做什麼」、「如何做」、「如何賺錢」的獲利模式，已經在市場上的企業，可以借由對顧客的重新定義，或轉變產品與服務導向，建構新的商業模式，獲利模式包括「營收模式」、「成本結構」、「目標單位毛利」、「資源速度（Resource Velocity）」。

其中「資源速度」指的是資源運用的速度有多快，你才能達到你要的目標銷售量，由於「資源速度」包括存貨周轉率，你的「資源速度」越快，你能製造和銷售的產品量就越多。

「獲利模式」是大家比較頭疼的部分，因此，我建議大家重新審視一下你的「顧客價值主張」是否有其經濟價值，如果沒有，就要想辦法開發適切的功能，如果有，也要不斷翻新，創造更大的利基市場。

總而言之，賺錢是綜合了社會學、心理學與經濟學的大學問！所以……

□ 當薄利不一定能多銷時，要「厚利適銷」，當然，前提是擁有核心競爭力。

□ 好的獲利模式大多在微笑曲線的兩端。

□ 要善用網路、智慧財產、人力資源與財務槓桿。

巧用眾籌，就可以找出社群、融入社群，甚至從社群中找出團隊成員，也可以讓社群發揮力量，眾籌可謂最棒的商業模式，因為它能讓五位一體。

眾籌可以「五位一體」

任何商業模式（BM）都是以價值主張為核心。設定目標客群並尋找合作夥伴，探求收入來源與成本結構（現金流），注重客戶關係管理與通路（渠道）建設，培養關鍵資源以整合他人（或被別人所整合）。

價值主張是協調上下（垂直）左右（水平）一致性的最佳工具，可溝通事業夥伴、團隊成員、行銷業務人員、通路商及其他利益相關人，善用推（push）與拉（pull）的力量，建構你自己的價值主張。

1 推

指的是從己身的技術或創新來設計價值之主張，先擁有某種技術或發明後，再來搜尋顧客層，以及顧客群有什麼痛點和快樂點。

2 拉

指的是從顧客的痛點和快樂點出發，找出解決方案，設計出價值主張，此時要注意有利可圖的 BM 才有商業價值。

任何一種優秀的商業模式在日趨成熟的過程中都付出了高昂成本，甚至歷經磨難，一旦在實踐中證明這種商業模式的比較優勢之後，如果能將其成功複製到多個企業，那麼此套成功模式的單位成本將被「攤薄」。

在知識經濟成為時代主旋律的現今，沿著一個總結出來的捷徑邁向成功，以一套成功的商業模式「打遍天下」的案例更是屢見不鮮。在快速擴張的大潮當中，透過兼併和收購，將優秀的商業模式複製到新的企業，已成為許多企業做大、做強的必經之路。

且商業模式是能夠被複製的，只要在複製的過程中多加注意，仔細考慮選擇複製的目標和施行複製的過程，那麼複製一個成功的商業模式並非不可能。

複製的商業模式須有生命力

一個好的模式才可能打造出無數個與「母版公司」具有同樣競爭力的「複製公司」。當然，並不是所有的商業模式都能被複製，那些未成型或者缺乏清晰化構成的商業模式，即使能盈利，也不能被成功複製。

對規模經濟和協同效應的行業來說，透過商業模式複製的方式來擴張更直接一些，例如：沃爾瑪、家樂福等公司，以規模和統一管理實現了「統購分銷」，有效降低了成本，提高了市場佔有率，順利打造出大規模的銷售格局。

複製的商業模式須落地生根與「在地化」

由於各地的生活習慣和消費能力差異較大，企業文化和員工觀念也大相逕庭。所有優秀的商業模式能否在新企業落地生根，取決於該模式是否能真正「在地化」。

相對而言，將商業模式複製到「新組建的企業」容易一些，複製到「被兼併收購的企業」就困難一些，而複製到「原本具有強勢文化的企業」就更困難了。此時培養企業員工接受複製的心態很重要，在實際操作中，可以加大對當地員工的培訓密度和力度，重用在地管理人員，尊重原企業合理或成功的歷史形成，在此基礎上再推行新的模式，較能實現專業化和在地化的結合。

3 專業化的管理團隊決定了複製品質

專業化的管理團隊是使複雜的商業模式能迅速從一間公司複製到另一間公司的有效載體。

商業模式的複製過程是費時、費力的「專業化」和「標準化」推廣過程，也是知識的拷貝過程，涉及到知識管理的多個層面，囊括了知識的搜集、梳理、共用、轉移等過程，結果表現為系統化、標準化的總體知識再現。這些知識分為顯性和隱性兩大類，顯性知識的轉移表現在制度、流程、操作規則、計畫、組織、控制等方面；而隱性知識的轉移則需要管理成員身體力行、潛移默化的傳播，以形成具體的體制和機制。

4 複製時，優秀的職業經理人必不可少

經理人是企業最昂貴的資源，同時也是折舊最快，最需要經常補充的人力資源。

在複製的初期，優秀的職業經理人往往會接管被改造的企業，操刀新企業推行商業模式的整個過程。一個合格的職業經理人是實現「諾曼地登陸」的總司令，不僅需要豐富的管理經驗，也要熟悉將要被複製的商業模式，更要能洞察並把握和商業模式相配套的核心價值觀。

商業模式的創新形式貫穿於企業經營的整個過程當中，也貫穿於企業資源開發研發模式、製造方式、行銷體系、市場流通等各個環節；也就是說，在企業經營的每一個環節上的創新，都可能成為一種成功的商業模式。而成功的商業模式並不一定就是在技術上突破，也可能是對某一個環節的改造，或者是對原有模式的重組、創新，甚至是對整個遊戲規則的顛覆。

自全球爆發金融危機以來，資訊產業發展的競爭格局正處於深度調整之中，它不僅是一場技術變革，或是商業模式的變革，更是產業發展主導權的重新爭奪。當我們

今日討論戰略性新興產業的時候，仍要不斷地審視我們所處的產業環境，不斷認識資訊產業的競爭格局，以尋求新興產業持續發展的嶄新道路。

商業模式的創新是不拘一格、變化萬千的，那有效實現創新有以下幾種方法。

1 重新定義顧客，提供特別的產品和服務

顧客需求不斷地產生變化，企業根據這些變化來重新定義顧客，選擇新的細別進行顧客分類，提供特別、更新、更快、更完整的產品和服務給予顧客，證明企業嘗試去適應消費者的需求，以獲取潛在的利潤，這是從根本上創新的商業模式。

最常討論的案例便是西南航空了，眾所周知廉價航空的營運模式，早期是以最低價格（美國西南航空公司以城市間往來的長途巴士公司為競爭對手，而非其他航空公司）、單一機種、快速迴轉（turn around）、密集班次、單點對飛、第二機場、簡化服務、扁平組織等策略為主，以取得獲利空間；近期又加入其他要素，例如廉價航廈、預購模式、分構模式、自助服務、網路策略、交易模式等，經營方式更多元化，競爭對手更多，形成廉價航空區域航線的戰國時代。

不少業者想模仿西南航空的模式，爭奪美國航空市場，因此成立多家低成本航空子公司，如達美快運航空、聯合穿梭航空等，但很快就被合併或結業，只有西南航空至今仍屹立不搖，其經營模式在美國航空業日漸衰退的大環境下贏得大勝利，成為廉航的「不老傳說」。

這些策略的選擇及執行關乎廉價航空賴以生存的兩大重要基礎「降低成本」與「航機利用」的成效，同時各種策略間也相互影響，並互為呼應，下面跟讀者們討論一下廉價航空的商業模式。

■ **場站策略** 廉價航空為降低成本，選擇同一城市的次要機場飛航，在亞太地區主要城市比較缺乏這個選項，所以某些航空公司退而求其次，選用同一機場的廉價航廈（如大阪關西機場），並利用離峰時段，不使用空橋登機，以取得費率優惠。此外，選擇短程或區域航線營運，以提高飛機的利用率，且此做法也簡化了證照查驗及語言溝通的問題，例如西南航空始終以美國國內線為主要營運基礎。

■ **購機策略** 一般廉價航空會選用單一機種來航行，像西南航空便選用波音 737，以降低訓練前艙及後艙組員成本，飛機零件規格統一且模組化，簡化維修作業的效益，地勤人員也能較熟悉機型配置，有助於提升作業程序的速度。

■ **組織策略** 為降低通訊成本，簡化溝通，快速決策與執行，採行扁平組織，簡化層級，並將主基地以外的機場經理職務委外，減少人資成本。

■ **價格策略** 廉價航空的主要精義在於「分購模式」，將傳統航空公司機票內含之機上餐飲、免費託運行李額度、輪椅服務等選項剔除，因而能提供旅客最低票價。此一模式包含機票需當班使用，否則不得退票之限制，保證旅客準時搭機，人數可以確實掌握，航空公司因此不須超賣，避免處理拒絕旅客登機所造成的飛機延誤。

■ **行銷策略** 廉價航空注重數位化，著重使用網路來訂位、購票，乃至其他的選項服務，如免費託運行李額度、預選座位等，故多簡化或甚至不選定傳統航空公司主要行銷通路票務或團體總代理。此外，致力經營網路社群，亦可鎖定自助旅遊背包客及年輕族群等客層，單一艙等的規劃也可避免票價複雜化，有利於行銷活動的推廣。尤其多數廉價航空導入「預購模式」將網路預購免費託運行李額度收費相較於機場購買之費用減半，使機場裝載作業人員能事先掌握行李重量，製作裝載平衡表，加速作業程序。

■ **運務策略** 廉價航空運務策略的精隨在於「決戰前端」及「簡化作業」，促使航機快速作業、精簡成本。舉例而言，預購模式提供免費託運行李額度預購，價格為機場付費之半價，即為鼓勵旅客前端購買，事先取得託運行李總重量，可提前完成裝載平衡表；而機票購買後限當班搭乘，不得退票，亦是為統計旅客人數，從而避免超賣，以及後端處理被拒絕登機旅客導致航班延誤，亦增加機場作業的複雜度。至於部分廉價航空採取「先到先坐」的規定，則能鼓勵旅客早到登機口，加速登機流程；尤其不供餐飲、不做清艙，更能確保航機的快速作業。

我們既要能區分顧客與顧客之間的不同需求，也要能注意顧客自身需求的變化。透過發現生活方式的改變來獲取商機，不再只是要細分顧客，而是需要細分生活方式，或者說，企業將不再是透過細分顧客來發現商機，而是透過發現生活方式的改變來獲取商機。

改變提供產品或服務的路徑

所謂改變提供產品或服務的路徑，就是指「改變分銷管道」。

例如，戴爾（Dell）取消了分銷商的環節，創造了直銷的商業模式，只要透過電話、郵件、網路以及面對面與顧客的直接接觸，就能根據顧客的要求訂製電腦。透過直接接觸，特別是網路，便能掌握第一手的顧客需求和回饋資訊，為顧客提供「一對一」的服務。

基於工業時代的固定、標準、模式化的產品或服務，已無法滿足現代消費者個性化的需求，而基於資訊與知識時代的開放的、包容的、具有個性化選擇功能的「解決方案」，才能滿足現代個性化的需求。因此，從現在開始到未來，企業的產品將是一個或一種「解決方案」，即產品將不再是有形的實物或完整的服務，而是基於個體的、個性化生活方式的「解決方案」。

改變交易模式或計費方法

改變交易方式，指的是可以考慮是否「採用信用交易」、是否「實行競標」等；改變計費方法，則是可選擇不同的計費單位，例如：是否分期付款、是否給予折扣、或者捆綁定價等。

舉例來說，Google 創造了「競價廣告」的商業模式，其依據客戶購買的關鍵字，以純文字的方式將廣告安置於相關搜尋網頁面的右側空白處，有人點擊廣告時才付費，將搜尋引擎變成企業推廣的利器，替企業帶來高額的利潤，創出 win-win 雙贏模式。

4 改變顧客服務體系

中國在顧客服務上做的最好的莫過於海爾，其依靠龐大而有效的資訊化組織來保障，海爾建立的閉環式服務體系，使服務創新每次都走在行業前端。顧客只要撥打「海爾全程管家 365」專線，就可以預約海爾提供的安裝、清洗、維護家電的全方位服務，增值的服務儼然成為海爾不可缺少的部分，提到海爾，人們就會聯想到優質的服務。

5 發展獨特的價值網路

所謂的「價值網」是指不同的市場主體，在同一時間內共同在市場上所創造的價值，相互之間不是先後順序關係，而是網狀關係，他們是在一個生態圈裡或者食物鏈上。

一個成功商業模式的戰略結構應該是在產品層次上雙贏，在服務層次上領先，在

規則層次上壟斷，透過商業模式的巧妙設計，讓每個人在這個遊戲裡都能獲得自己應該有的東西。

例如，高通公司專營 IPR 轉讓，其轉讓費通常在產品售價的 6％左右，這是一種明碼標價又非常單一的賺錢模式，它的基本模式就是「我壟斷標準，你壟斷市場，他壟斷產能，其他人壟斷勞動力等等……」但大家都仍在同一個生態圈裡，誰都離不開誰，這是一種多重壟斷所形成的價值鏈。

6 改變滿足客戶需要的實現方式

實現方式的含義除了有手段、途徑、管道、媒介、載體，也包括了產品和服務等各種形式的項目，若沒有新的實現方式，就不存在新的商業模式。

7 企業賺錢或盈利的三個境界

企業賺錢或獲得盈利的三個境界，分別為「賺錢」、「賺大錢」和「可持續賺大錢」。要想「賺錢」，就必須找到適合你自己的商業模式；要想「賺大錢」，就必須在你找準商業模式之後，孤注一擲地執行；要想「可持續賺大錢」，就必須研究消費者的偏好與消費習慣，以迅速調整你的商業模式，使你的企業時刻保持著滿足客戶偏好的核心競爭力，形成系統，達成持續賺大錢的目標。

眾籌模式完全符合企業價值創造的核心邏輯，即價值發現（籌資人和出資人的投融資需求）、價值匹配（與商業夥伴的合作）、價值獲取（與籌資人分成獲利），而我們創造價值的目標，就是為了獲取價值，讓我們一同透過眾籌，借眾人之力，圓你的夢想，獲得財富，讓自己從 ES 跳入 BI 象限！

BU 課程合影

學員實作眾籌案例

案例一

提案修改前

提 案 人:學員　林書弘

提案名稱:Edenet 伊典網珠寶藝術品投資網站創建募資計畫

募資金額:3,000,000 元(新台幣)

提案內容:

　　Edenet 伊典網是以推廣並落實珠寶藝術品投資為目的,為協助廣大的消費大眾直接 P2P 變現,出典珍貴的投資收藏品。英文名 Edenet 是 Eden ＋ Net 所組成,取伊甸園之諧音譯,以期成為珠寶投資大眾的伊甸園。

　　大體上,由鑑定專業公證單位把關,聘請田黃石、珠寶、書畫、瓷器等各方專業人士,為消費者提供諮詢與公證服務。消費者可於網站上「出售」與「出典」有價動產(珠寶藝術品),以免於珠寶業者剝削,一隻牛剝多層皮,對於賣方(典當人)可得到較合理的典當金額或售價,對買方可低價購入或獲取利息。

　　為免紛爭,買賣過程由伊典網專家顧問群提供諮詢服務,並不定期舉行教育說明會或拍賣會,獲利模式以會員年費、顧問公證及交易行政費用為主。

眾籌回饋:

★ 每人限投入 5,000 元,可享 5 年免年費(年費為 10,000 元),另由 Edenet 提供 10 件物件免費諮詢顧問服務。

★ 不限金額(25,000 元),可享 5 年免年費並折抵 3 倍鑑定費用。售(典)→Edenet(Max 保障利益)→ 買(出典)

提案修改後

提案名稱：6分鐘學寶石～珠寶投資術 DVD

募資案由：以 6 分鐘學寶石 DVD，讓消費者以最低成本及最快速度學會珠寶投資術。

★ 臺灣聯合玉石鑑定所所長親授。

★ 6 分鐘學寶石 5 大訴求。

★ Cost：GIA 鑑定師 52 萬學費，最低門檻 500 元。

★ Avoid：買到假、買到貴、買真、買便宜、賣賺錢。

★ Efficiency：快速、有效、成為專家。

★ Content：互動教學如親臨指導。

★ Result：教你鑑賞、投資，也懂買賣。

案型：

★ 100 元純贊助。

★ 500 元消費者專案（DVD ＋手冊）。

★ 1,000 元鑑賞家專案（DVD ＋手冊＋實用寶石學）。

★ 2,000 元事業珠寶家專案（DVD ＋手冊＋實用寶石學＋工具）。

★ 3,000 元鑑定專家套組（DVD+手冊＋實用寶石學＋全配）。

★ 200,000 元地區代理專家套組（外加課程與鑑定券 10 張）。

案例二

提案修改前

提 案 人：學員　黃義盛
提案名稱：運用不動產投資成功的祕密
提案內容：

我們的專業團隊，整合律師、代書及專業投資人，把不動產市場獲利的機會及資源整合，協助大眾揭開不動產市場的神祕面紗，將行動化為本身的籌碼。

★ 只要 500 元就可以收到所有市場上曾經成功的案例，從土地、預售屋、中古屋、股東戶、包租公等等案例。

★ 只要 5,000 元，您就可以和我們團隊實地在市場參與操作不動產案件，利潤共享！名額有限。

提案修改後

提案名稱：不動產實戰創富的祕密（蝸牛翻身必勝術）
價值主張：覺得不動產太貴、遙不可及？羨慕那些購屋免出錢的高手？受夠了市場上無法應用的理論？
價值傳遞：我們的專業團隊，整合了律師、代書及專業投資人，把不動產市場獲利的機會及資源整合，協助大眾揭開不動產市場的神祕面紗，化理論為實際獲利的籌碼。從土地、預售屋、中古屋、股東戶、包租公等各種實際案例操作，滿足大家的好奇心外，更有機會參與操作，共享利潤。

價值實現：

★ 您支持我們共享的使命，捐助我們 100 元！

★ 您支付 500 元，會收到市場上各種實際操作案例的介紹檔案，由成功案例學習如何在市場操作。

★ 您支付 5,000 元，可終身參與團隊案件操作，除過去成功案例學習，更可在市場實際操作，享受利益共享的權利。

本專案募集 50,000 元成案。

　　近年不動產市場不景氣，導致銀行雖然放寬房貸條件，但同時也降低貸款利率，可是各家銀行為了降低風險紛紛調降不動產的鑑價金額，使得一些不動產的所有權人，就算長久以來都正常繳款，但遇到臨時有急需資金周轉的情形發生時，卻無法向當初貸款的銀行申請增貸或二胎房貸，使信用飽和的借款人難以借到錢。

　　而且借款人提供房地產抵押，借款人一旦違約，立即進入拍賣程序，拍賣所得的價金則可用於償還投資人所投入的資金。上述眾籌案，讓金流都交由第三方支付公司辦理，來源、去路皆清楚，債權、合約等，都交由律師託管，姑且不論承接金流的第三方支付公司、律師公信力與資質如何，至少是個交易風險控管相對安全的模式，因而使大眾趨之若鶩，在低風險的情況下成功創富。

　　魔法弟子黃義盛於本班中完成 imB 借貸媒合平台之行銷規劃，並獲本平台千萬資金之挹注（含王晴天老師個人新台幣 350 萬元之投資），現已發展為兩岸知名之獨角獸企業集團。

　　此外，黃義盛參與魔法講盟主辦之〈保證出書出版準作者班〉結訓後，透過自資出版平台出版了《從魯蛇到魯夫的創富之路》一書，榮登兩岸年度華文圖書暢銷書排行榜非文學類冠軍！可喜可賀啊！

5 Days 市場 ing 行銷

「以史上最強的 BU 棕皮書《市場 ing》為主軸，教會學員絕對成交的秘密與終極行銷之技巧，課間更整合了全球行銷大師核心秘技與 WWDB642 系統之專題研究，堪稱目前地表上最強的行銷培訓課程。」

你是否想讓業績獲得倍數成長，成為更高層次的生意人？Business & You 五日班便整合全球行銷高手的成功祕訣，改變你的思維，關鍵行銷、絕對成交、接建初追轉、WWDB642 四大核心秘技，保證收入十倍數提升！

那在談銷售前，有六個問題你必須先明白……

1 誰是我的目標客戶群（Who）？

這是銷售時要問自己的第一個問題，要知道你的目標在哪裡？有絕大多數的銷售員在推銷產品時都答不出來，他們總認為自己的產品所有人都需要，但如果你也這麼認為的話，那你絕對不是一位稱職的銷售人員。好比打仗，你要打誰、往哪裡進攻，這都要事先探查，心中要非常清楚；因此，銷售前你要知道目標客戶是誰。

那為什麼還是很多人會認為自家產品是最棒的呢？因為一般公司都喜歡用這種方式來教育自家員工，讓你相信這個市場真的很大，這樣你就更有信心銷售公司的產品，但當你真正投入、認真思考後才發現，你推銷的可能不是每個人都需要的東西，若這項產品每個人都想要，為什麼還要靠業務員來

銷售呢？

因此，「誰是我的目標客戶群」這個問題的答案，你必須將客戶進行分類，例如年齡區間為何？教育程度、學歷到何種程度？客戶大多以什麼產業為主？性格及價值觀傾向為何？平常的消費習慣為何？已婚還是未婚？興趣愛好大致是哪一類？

你必須把這些細節都寫出來，不能說人人都需要，這樣太廣泛，反而找不到必須重點關注的客群。做行銷，最沒有效益的事情，就是對不精準的客戶露出廣告；而做業務，最浪費時間的事，便是在不對的客戶上不斷進行推銷，我們的時間、本錢非常少，理應要花在最應該花的人身上，這是重中之重。

2　客戶到底在哪裡（Where）？

了解目標客戶的年齡層、婚姻狀況、工作收入、社會地位、購買的習慣、興趣為何……等等特徵後，接下來問問自己：符合這些特徵的客戶到底會在哪裡出現呢？

有人會回答到處都有啊！但我要的答案是聚集這些特徵的人哪裡最多？他們最有可能去哪裡？想想可能的區域、地點、環境，思考目標客戶的生活習慣，你要走進這些目標客戶的內心想一想，他從早晨起床到睡覺，一天會出現在哪些地方，這樣你才知道能在哪裡遇到準客戶，才有機會對他們銷售。

世界行銷之神傑・亞伯拉罕（Jay Abraham）說：「要選對池塘，才能釣大魚。」小魚在溪流裡面就有了，而鯨魚唯有大海才有，我今天除了要知道我的目標客戶是誰，還要知道這些目標客戶平常在哪裡出現，有時候目標客戶並不是主動有需求的客戶。例如小朋友喜歡的玩具，通常是小朋友先發現，才會吸引父母親也注意，所以有些目標客戶雖然是老闆，但老闆旁邊的行銷副總或業務經理……等也是關鍵角色，要先吸引他們的注意，你才有機會和他們的老闆談生意，才有成交的機會。

3 他們為什麼要購買我的產品（Why）？

你要給客戶一個購買的邏輯和理由，比如對客戶說：「我是來幫你省錢的，你之前花太多冤枉錢買到不對的產品，才導致現在如此，所以你必須淘汰不需要的產品，對症下藥，我是來幫你省錢及省時間的。」

你要給客戶一個購買的邏輯，而不是簡單的一個理由，現在的客戶都能輕易接觸到許多資訊，所以一開始大多會抗拒排斥，如果你只給他一個簡單的理由，他會認為你在為自己的銷售找理由；但如果你給他的是一個邏輯就不一樣了，你是在引導他自己思考。所以，最好的方式是透過一步步的引導，從小地方開始慢慢走到客戶的痛點，因為唯有客戶能說服自己，在說服自己之後的行動力才是最強的、最有效益的。

4 他們為什麼會購買競爭對手的產品？

市場競爭除了考慮消費者之外，也要對你的競爭對手夠了解，要了解競爭對手如何行銷客戶，如何去找尋他的客戶，如何制定他們的定位。

比如在追求女朋友的時候，不能只考慮要怎麼追求女朋友，只關注女生的興趣、愛好等等，還要留意競爭對手有誰，他們用什麼方式去追求你心儀的對象，他們會用什麼方式去對待你的意中人。你的同行是用什麼樣的賣點去吸引新客戶，是用降價？還是打折？或是用贈品？他們的服務比較好？還是他們的功能比較好？對手的產品優點是什麼，對手目前在推什麼樣的產品，事先了解競爭對手的優勢，才不致於被比下去。

5 為什麼客戶應該買我的產品，而不是對手的？

你應該給客戶一個邏輯，為什麼推薦客戶來買自己的產品，而不是買競爭對手的產品，你應該把競爭對手的優點和你的優點列出來一一比較，不要擔心列出競爭對手的優點，因為當你列出競爭對手的優點，客戶會覺得你很誠實，說話可靠有信用，所以在列出雙方優點時，你就要有一套邏輯，去說服對方為什麼要購買我的產品，而不是競爭對手的產品。

這裡就必須把你的 USP（Unique Selling Proposition，獨特的銷售主張）、你的

獨特賣點展現出來讓客戶了解,讓客戶無從比較,你的產品才是最好的。

例如,我問你美國蘋果好吃,還是日本蘋果好吃?你可以馬上說出來答案,但如果我問你香蕉比較好吃?還是芭樂比較好吃?你可能就無法回答,為什麼呢?因為香蕉跟芭樂是不同的品種,無法比較;所以,你要把你的產品跟競爭對手的產品區別化,讓客戶無法相互比較。

總之,你要用最精準的語言、最短的時間、最清楚的用詞,讓客戶知道你和競爭對手的差別在哪,應該選我而不是選他。

6　客戶為什麼要現在買?

我們當然希望客戶當下便跟我們購買產品,立刻成交。但當你做完一系列的步驟與介紹後,卻沒有給客戶為什麼應該現在買的理由,客戶就算認同你的產品,也大多不會當場購買你的產品,你要給客戶一個邏輯和理由,告訴他們為什麼要馬上買,而且你的理由和邏輯一定要是真的,不能每次都用同樣的理由,例如一概用跳樓大拍賣,你要用不同的方法去讓客戶同意、當下就購買,且一定要是真的。

7　客戶為什麼要跟我買?

某協會曾做過一項調查,試圖了解企業的採購經理究竟是如何選擇廠商。發現這些採購經理選擇的標準並非價格和品質,而是廠商是否能讓他們產生信任感。

很多時候,客戶其實並不清楚自己的需求到底是什麼,這就必須靠業務員來發掘。業務員精準的提問,得出對方的需求,並在過程中贏得對方的信任。美國奇異前執行長威爾許(Jack Welch)曾向彼得 · 杜拉克諮詢,他問道:「我們集團底下有許多子公司,很難管理,你認為我該如何處理呢?」

杜拉克沒有針對他的問題回答,反倒問他兩個問題。第一個問題:「如果你現在有的不是這些企業,而是一大筆資金,那有哪些公司是你會想收

購的呢？又有哪些公司你根本不會購買？」第二個問題：「分析看看那些你不願意購買的公司，試想你會如何處理？」

　　兩道看似簡單的問題，卻讓威爾許思考許久，甚至想到整晚都睡不著覺，腦中反覆思索、煩惱著，但卻又對這兩個問題感到異常興奮，因為他在想著如何回答這個問題時，其實就在為自己的問題找答案。

　　成交是一步一步讓客戶把錢掏出來，頂多是戰術的層次，但其實它就是一場戰役，是單兵基本教練，充其量你在學會公眾演說後可以一對多做銷售。至於戰略層次指的是什麼呢？像老闆就需要懂戰略，要訂策略、訂發展方向，品牌是最高的戰略層次，也就是行銷；而成交則是推銷，若以軍隊的概念來說，成交是單兵基本教練，談的是一對一如何成交。

　　你知道有一所學校，它的生師比是一個學生配二十多位老師嗎？你知道它是什麼學校嗎？那個學校就叫戰略學院，足以看出戰略的重要。軍人位階上校再上去是升將軍，最小的將軍是少將，而上校升少將時要先去進修，去哪裡進修呢？若本身是陸軍就去陸軍學院，海軍就去海軍學院，它的師生比是四比一就是平均一個學生會有四個老師來教你，你全部修習完，便能成為將軍。將軍再往上晉升可以升中將，而中將再升上將時就必須去戰略學院進修。那個時候可能一個班就六位學生，卻有一百多名教授來教這六名學生。很多人將行銷與銷售視為類似的概念，其實有其極為不同之處。

推　銷	行　銷
製造出產品後才開始	在產品製造前就開始
把產品賣出去，把錢收回來，重視銷售技巧與話術	銷售前的沙盤推演和準備工作，強調策略，戰略指導戰術
利用業務員與顧客進行一對一或一對多的溝通，進而成交	行銷包含了銷售，但不等同於銷售！主要在建立顧客群腦中的消費 GPS
把產品賣好	讓產品好賣
一次性	多次性、永久性
說服顧客購買產品	讓顧客主動上門買東西
銷售員著重於與顧客勤於接觸，解決疑慮，說服顧客購買……等	行銷人員著重於收集資訊、整合分析、創意發想、建構品牌……等

一對一	一對多
用體力	用腦力
用嘴巴	用頭腦
滿足客戶需求	挖掘客戶的潛在需求，甚至是創造需求

　　銷售過程中，你知道自己要賣得是什麼嗎？答案是觀念和想法。請想一想，成交後是誰掏錢？客戶為什麼要掏錢呢？那是因為他覺得產品或服務的價值，超過他所要付出的金錢。那麼，如果你銷售的產品或服務不符合顧客心中的想法，怎麼辦呢？那就改變顧客的觀念，讓顧客的想法或觀念被你說服！

　　或者，配合顧客的觀念！業務員在將產品特徵轉化為產品益處時，要考慮到客戶的需求，因為只有你的產品好處是客戶所需求的，才能引起客戶的購買欲望，只要潛在顧客的想法和觀念被你說服了，你就成交了。

　　所以，我們要仔細想一想：「你的顧客為什麼要掏錢買你的產品或服務？」答案是因為你的產品或服務有價值，產品的價值大於他所要掏出來的錢，也就是說你的產品／服務的價值大於他所要支付的價格。顧客為什麼會願意支付 1,000 元來買？因為他認為他所能得到好處或價值會超過 1,000 元，所以，業務員要懂得為你的產品塑造價值，讓客戶認為他會得到超過 1,000 元的好處，這樣他就願意付出 1,000 元，來換取超過 1,000 元價值的東西。iPhone 為什麼一台可以賣二萬多元，那是因為蘋果知道 iPhone 對客戶的價值，遠遠超過那個價錢。

　　顧客重視的是價值與購買商品的理由。所以，價值才能影響客戶決定他「要不要買」，而不是你的這個產品本身有多大的用處、有多麼強大的功能。

　　人們買的不是東西，而是他們的期望。小姐、女士們購買化妝品，並不是要購買化妝品本身，而是要購買「變美的希望」。也就是說客戶購買及認定的價值並不是產品或服務本身，而是效用，是產品或服務為他帶來了什麼好處或利益，顧客不是為了

買早餐而買早餐，他們為的是吃飽、享受美味、圖個方便或希望吃得營養健康。所以，賣早餐的人，就要思考餐點是要提供給誰？一定要滿足目標客戶的需求，這樣你的早餐對目標客戶才有價值。例如，對那些重視養生的中年客戶，賣油滋滋的美式漢堡就不行；那如果你的目標客戶是趕著打卡的上班族，那就要在很快的速度內讓他們得到滿足。

所以我們要幫助客戶創造這種價值與期待的利益，並把這種價值告訴顧客，說服並讓他認同你的產品價值，這就是你要銷給客戶的觀念或想法。價值是你給顧客的，而價格則是你向顧客收取的，當你把焦點聚焦在產品的價值上，除了能強化客戶購買的意願外，還能有效降低價格上的疑慮。

至於客戶為什麼會買，是因為我們給他一個理由，當你想要成交時，就必須給客戶一個買的理由。你在和他溝通的時候，就是在幫他找理由，告訴他一個非買不可的理由，只要他認同這個理由，就會買了。

那客戶買的是什麼呢？客戶買的是一種確定的感覺，在銷售過程中，你讓客戶感受到的氛圍，將影響到他是否決定購買，而業務員又很有自信、很確定地向客戶表示這是最適合他需求的，最能幫助到他，那客戶就會買了。

試問，一款高檔奢侈品擺在菜市場的地攤上販賣，你會掏錢買嗎？又或者是，該款奢侈品雖然在高檔百貨精品店販售，但銷售人員不尊重你，對你的態度很差，你會買嗎？所以，營造好的氛圍與感覺，為顧客找到買的理由相當重要，這樣你離成交就不遠了！

有利益，才會動心，想要順利售出產品，就要讓客戶看到實實在在的利益。當客戶還沒有得到商品時，他會想像使用這個產品之後的改變，權衡一下產品會給自己帶來什麼好處，權衡後如果發現自己的付出，得不到相對的回饋，就會毫不猶豫地拒絕業務員的成交請求。

當你在向客戶介紹產品好處時，首先要提及某種突出特徵，再根據客戶的需求，強調這種特徵所形成的價值，並營造一個使用時的想像，讓客戶印象深刻；你要盡可

能讓客戶感到自己從中獲得利益，這樣才能加深他想要「擁有」的感覺。

當你打算購買一些東西時，你是否清楚購買的理由？有些東西也許事先沒想到要買，一旦決定購買時，是不是有理由支持你去做這件事，再仔細推敲一下，這些購買理由是否正是我們最關心的利益點？

例如，消費者之所以會購買特斯拉，便是因為特斯拉的電動車技術較其它品牌的電動車款穩定、成熟，且使用電力驅動降低空氣汙染，對環境造成的衝擊較小；政府也因環保議題廣為推廣電動車，提供綠能補助，使消費者不僅能對環境貢獻一份心力，又能大大地節省荷包，就是因為這個利益點，才決定購買的。

因此，業務員可從探討客戶購買產品的理由，找出客戶購買的動機，發現客戶最關心的利益點。通常我們可從三方面來了解一般人購買商品的理由。

1 品牌滿足

整體形象的訴求，最能滿足地位顯赫人士的特殊需求，比如賓士（Benz）汽車滿足了客戶想要突顯自己地位的需求。針對這些人，不妨從此處著手試探，看看潛在客戶最關心的利益點是否在此。

2 服務

因服務好這個理由而吸引客戶絡繹不絕地進出的商店、餐館、飯店等比比皆是；售後服務更具有滿足客戶安全及安心的需求。服務也是找出客戶關心的利益點之一。

3 價格

若客戶對價格非常重視，可向他推薦符合他預算的商品，否則只有找出更多的特殊利益，以提升產品的價值，使之認為值得購買。

以上三方面能幫助你及早探測出客戶關心的

利益點，只有客戶接受銷售的利益點，給他一個買的理由、一個確定的感覺「就是這個了」，你與客戶才會有進一步的交易。

業務員的產品能滿足客戶的主要需求後，如果還能有額外的益處，對客戶來說將會是一個驚喜，你可重新幫客戶定位他的利益點，提醒客戶這項產品的益處是什麼，而不是等客戶自己發現。

舉一個簡單的例子，夏天時，女性的皮包裡都喜歡放一把遮陽傘，那「防紫外線」就是客戶的首要利益，如果你的產品除了能遮陽外，折疊起來更小巧、更輕便，樣子也更為美觀，勢必會受到女性客戶的青睞。

很多業務員在介紹產品時，只是將產品的特徵一一列舉給客戶，這樣的做法是無法讓客戶對你的產品印象深刻的。你滔滔不絕地向客戶介紹了一大推產品特徵，但客戶聽完卻一臉茫然地說：「那又怎樣？」或「你說這些有什麼用呢？」因此，在介紹產品特徵時，要結合產品益處，明白地告訴客戶產品能替他帶來什麼好處，這樣客戶才會對你的產品產生興趣，進而與自己的需求做連結。

但要注意的是，在將產品特徵轉化為產品益處時，要考慮到客戶的實際需求，只有你的產品益處是客戶想擁有的，才會引起客戶購買的欲望，讓客戶覺得這就是我要買的，非常適合我，可以解決我目前的問題；反之，如果產品的益處是客戶不需要的，那即便你的產品再好，客戶也不會購買。其實客戶會猶豫、會抗拒不買，是因為他們害怕、擔心買到價值不足或不適合、不符合自己需求的產品，所以你要讓客戶看到實實在在的好處，給他確定的感覺，讓他買了不會後悔。

要想取得好的業績，就要懂得把握銷售節奏，按部就班地與客戶接觸，不要太過急躁，先與客戶做好溝通、逐漸加深客戶對自己的信任。客戶一般要確定產品能給他帶來的利益後，才會考慮是否購買，所以，顧客購買產品是想要知道這個產品或服務可以為他解決什麼問題；而對業務人員而言，就是有自信地對客戶展現出「確定的感覺」，感染客戶，然後成交！

任何的銷售拆解開來，就是在賣兩件事。第一件事情，叫做「問題的解決」；第二件事情，叫做「愉快的感覺」，也就是說光解決問題還不夠，你還要能塑造愉快的感覺。買東西買的就是一種感覺，很多時候明明覺得好像這個東西也不缺，或者目前沒有這個需求，但最後為什麼還是掏錢買了？

最常見的狀況就是百貨公司的週年慶，有的人會列出清單，就只買清單上的東西，但離開的時候，通常會多買很多東西。像筆者有一年去百貨公司週年慶，就列了要買的襯衫、外套，依據清單買完總共 8,200 多元，但因為百貨公司在做活動，滿 5,000 元送 500 元，所以就想著要不要湊一萬？結果湊一湊就消費了 12,800 多元，這時我又在想「要不要繼續湊？」

結果我總共買了 25,000 多元。對我來說，原本那八千多元的產品，是「問題的解決」，而後面再多買的，就是「愉快的感覺」。愉快感覺是氛圍，那氛圍來自什麼？因為氛圍很抽象，如果用 NLP 神經語言學的概念來講，氛圍便是一個五感體驗。

五種感官經驗包括視覺、聽覺、味覺、觸覺、嗅覺，看到什麼、聽到什麼、聞起來什麼味道、嚐起來什麼味道，觸摸起來什麼感覺，這些就是五感體驗。

NLP 神經語言學指出我們人有不同的傾向，每個人注重的感覺是不一樣的，有人是視覺型的，有人是聽覺型的，有人是感覺型、觸覺型的；所謂一樣米養百樣人，如果你知道潛在客戶特別注重哪個感官的話，你就從那個感官去加強，你就更容易成交。所以，業務員就要針對不同型的人，以不同的方式銷售，面對視覺型的人，你就要讓他看到產品的實品，唯有看到他才能感覺到。

所以你在跟一個人交談之後，才能了解他是哪一型的人，一般通常都不是均衡的人，會偏重某一方面，因此你要對不同人採取不一樣的舉動與對待。例如，對感覺型

或觸覺型的人，你的擁抱、拍拍對方的肩膀、握手都非常重要；可是對聽覺型的人來說就毫不重要，若是聽不到聲音他就不會有感覺，這就叫做五感銷售。

愉快的感覺除了是現場氛圍的營造之外，現場銷售人員的訓練也很重要。如果百貨公司只訓練櫃台小姐的產品知識及使用功能，那就錯了，不是說產品知識不重要，而是還要培訓她們如何帶給客戶愉快的感覺。你會發現一些賣場如大潤發、家樂福，它們廣告傳單上的商品真的超便宜，因為它的目的就是要利用便宜的優惠吸引你去消費，當消費者親臨賣場後，他們就設法營造出購買的氛圍（對消費者而言就是愉快的感覺），以促成消費者購買更多的商品。

在問題的解決上，如果業務員沒有專業知識，只注重讓客戶感覺很愉快，儘管客戶感受再舒服、再愉悅，但對他提出的問題卻一問三不知，專業度不夠，無法讓客戶買得安心，自然就不可能成交了。

緊接著，你要設法營造出愉快的感覺，了解潛在客戶的問題在哪裡，並幫助他解決，只要能在這個過程當中，營造出愉快的感覺，那你就成交了，這就是成交的秘訣。所以你提供的產品或服務就叫做問題的解決方案，找出顧客的問題並協助他解決，若顧客問題很小呢，你就在傷口上灑鹽，讓他認為這個問題比想像中還大，你的解決方案才會適配他的問題，這樣才能順理成章地賣給他，然後在愉快氛圍的催化下，成交自然是順理成章了。

而銷售除了個人銷售外，你也可以組建一支自己的團隊，由團隊協助你一同銷售，或是直接交給團隊銷售。

談到團隊，最有效且快速的方式，便是透過直銷的 642 複製系統進行，642 系統讓人佩服的是它整個團隊複製的很完整，整齊到令你感覺它就是一支部隊，成員們說的、做的都一樣，他們的服裝、形象會複製得很完整，誠實、踏實、有紀律是他們的特點，讓他們看起來具備「專業人」

的形象，每個人經過 642 的洗禮，都會成為專業人士，都能獨當一面，形成一個向心力極強的團隊，具有高度的忠誠度，儼然是個大家庭，當這些精英有「人」又有「錢」，本身又是個深具經驗的複製者，一切美好的事就自然地發生了。

642 系統真正厲害的地方，是有一套完整的訓練方法可以讓組織同時延伸寬度及深度，他們曾提及，「真正的成功並不是自己做到什麼樣的高階，而是推薦的下一代下線也能透過相同的模式運作成功，才算是真正的成功。」

很多人初次創業時，一開始的合作夥伴通常是伴侶、兄弟姊妹、親戚、同學，或之前的同事……等等，因為彼此相處過一段時間，熟悉、了解對方，生活上的交集也較接近，雙方建立起一段可信任的關係，但也容易因為接觸面不夠寬廣，而局限自身的眼界與發展。

這樣的起步沒有所謂的對或錯，只是隨著公司發展的需要，身為老闆的你，必須適時修正你的團隊，假如你很被動，不懂得依照情況調配團隊的人員分工，除非你的隊員願意自發性地學習、成長，但一般都不是這樣的人，所以這是創業者一定會面臨的問題。

首先，你可以試著從上述幾種類向去尋找，即便你和對方的關係有多親密，也要設好遊戲規則，常說親兄弟明算帳便是這個道理，否則可能帶來隱患，像「都是自己人、算了啦、沒關係」這些話，都是你與夥伴之間無形的壓力，起初你可能也會覺得沒什麼，不去在意一些雞毛蒜皮的事情，但一段時間過後，這些壓抑下來的情緒，可能就會爆發，原先很多的「不計較」就會變成大計較。

過程中的小計較、沒關係的問題中，往往因為我們的不在意或容忍，而沒有立即處理、解決，經過一段時間後，就會變成大問題，所以設定遊戲規則是非常重要的，尤其是與他人一同合作創業。

創業的團隊可分為內、外兩部分，外在要藉遊戲規則來管理，內則要有足夠的愛

與支持。有些團隊只有愛與支持，以遊戲規則為輔，以致假公濟私的情況經常發生；也有的團隊是只注重遊戲規則，不看重隊員之間的關係維繫，沒有愛與支持，導致以公害私的情況發生。

但無論是假公濟私還是以公害私，都不是各位創業者想得到的結果，起初一同工作、創業，無非是希望創造更大的價值，之後卻因為沒有把握住這項基本原則，致使團隊潰散，所以，務必先將遊戲規則談好，等一切都談攏後，便可進行愛與支持的部分，增進團隊的凝聚力。

那關於創業夥伴、團隊成員的特性，究竟是互補好，還是同質性好呢？其實各有利弊，有時同質性好，可避免很多問題，但又可能造成很多麻煩和困擾。一群人一同打拼，每個人都想爭出頭，可是天天吵架，企業絕對不會有好的發展，且有時同質性高的人，常常會發生沒有人可以做決定的情形，這也是缺點；但你也不能說互補性就一定好，因為還是可能會發生摩擦。

也有很多人是選擇獨自創業，所以創業初期只好身兼數職，執行長兼營運長外，又要身負財務長的工作，但長此以往下來，肯定也無法將各方各面都顧得周全，小規模的公司或許還可以這麼做，畢竟業務還不多，但只要公司規模稍大一些時，問題就產生了。

那組建團隊的人才要從何找起？從既有的員工中培養嗎？還是從外部獵人頭呢？在現今多元化的時代，你要看公司的實際發展需求來決定從何找人，如果能從基層員工培養自然最好，可是一步一步培養往往會趕不及變化。假如你認為自己公司的體系不錯，環境跟待遇也不差，那你或許可以考慮大膽獵人，只要對方認同你的企業文化，便可能遠勝於與你奮鬥多年的員工。

那創業時所找的團隊，必須是真正熱愛這份事業的人，還是一個把這裡當跳板或是替代方案的人呢？替代方案是什麼？就是把創業當作一個比月薪還能擁有高一些收入的就業方式，假如你的團隊裡有人抱持著這種心態，那這個團隊過一段時間後很有可能就失去活力了，因為你的夥伴只會滿足於稍高的收入。

如果你創業的初衷，只是希望未來收入可以多一點，而不是對這份工作、事業的認同與熱愛，若你遇到的是這樣的合夥人，企業的發展就僅限於幾十萬的格局而已，

不容易有更好的發展。所以，團隊的成員要有共同的夢想，各有各的使命，在創業努力的過程中，可藉由夢想的達成，來幫助個人的夢想實現，這樣的團隊就相當有意義。

如果你不斷地要求團隊犧牲自己，不用多久，他就不想再犧牲了，如果企業在達成企業夢想時，同時也能達成團隊裡個人的夢想，這樣團隊才能存活得比較久。意思是說，如果一群人聚在一起想共同創業，你就要了解每位創業夥伴的個別夢想。

有人想說進到這個機構來，就是想擁有一棟別墅，讓父母、家人都能住在一起，所以大家共同努力，假設公司的年度目標是營業額二億元，利潤是 15％三千萬，保留一半作為公司發展運用，另一半作為公司紅利分紅，五個股東，每人可分得三百萬……等等，若能繼續這樣共同努力，個人夢想很快就能實現，這就是達成公司目標，同時也達成團隊個人夢想。

在一個精緻而優秀的創業團隊，是大目標實現時，個別小目標也同時具體實現，千萬不能要求你的夥伴犧牲個人的目標，只配合團隊的目標。

共同創業夥伴的條件是要找有能力的？還是忠誠度高的？到底應該找尋哪種共同創業夥伴？這也是創業者會面臨的問題之一。依我個人認為，忠誠度是比較重要的，有忠誠度時，彼此是互信的，而能力是可以培養的，在一群有能力、有向心力的人所組成的創業團隊，若是缺少具有專業能力的經理人，可以透過外聘方式找尋，不一定需要股東團隊自己來做。

所以，創業團隊要彼此互相信任，一旦互信沒了，就會產牛彼此勾心鬥角的情形，無法和諧共同合作，公司也就無法往前發展，你很難想像創業夥伴將你在朋友圈裡封鎖起來，只有工作，沒有生活交集，對方完全不知道你下班後、工作之外所發生的事，這樣的關係是無法長久的。

WWDB642，是一套完整的系統，可以讓你重新認識自己獨一無二的地方，讓你因為認識自己，重新定位正確的人生價值觀，重新確認你的最終夢想；教你設定夢想目標，教你如何在期限內完成夢想，最後教你如何不斷地複製下去；WWDB642，是一套讓你從內到外蛻變並成功的系統。

如果你想了解更多成功的秘訣、眾籌的方法，或銷售、成交的密技，以及利用WWDB642，快速打造出自己的萬人團隊，那你絕對不能錯過 BU5 日班的課程。

Business & You 國際級課程，課程內容涵蓋甚廣，15 日完整課程涵蓋了全球培訓界主流的二大系統及參加培訓者的三大目的：整合成功激勵學與落地實戰派，借力高端人脈，建構自己的魚池，讓你掌握個人及企業優勢，整合資源、打造利基，創造高倍數財富！讓事業持續指數型成長！

職涯無邊，人生不設限！知識就是力量，Business & You 保證有結果，讓你將知識轉換成收入，創造獨特價值，告別淺碟與速食文化，在時間碎片化的現代，把握每一分、每一秒精進，成就更偉大的自己，綻放無限光芒，同時擁有成功事業和快樂人生！

台灣最大培訓機構——

魔法講盟 Inspire Magic
突破｜整合｜聚贏

職涯無邊，人生不設限！知識就是力量，**魔法講盟** 將其相乘相融，讓知識轉換成有償服務系統，創造獨特價值！告別淺碟與速食文化，在時間碎片化的現代，把握每一分秒精進，和知識生產者與共同學習者交流，成就更偉大的自己，綻放無限光芒！

♛ 大師的智慧傳承

魔法講盟 的領導核心為全球八大名師亞洲首席——王晴天博士，他博學多聞、學富五車，熟識他的人都暱稱他為「移動的維基百科」，是大中華區培訓界超級名師、世界八大明師大會首席講師，為知名出版家、成功學大師、行銷學權威，對企業管理、個人生涯規劃與微型斜槓創業、行銷學理論與實務，多有獨到之見解及成功的實務經驗，栽培後進不遺餘力。

王博士原是台灣補教界數學名師，99％的受教學生學測成績都超越 12 級分，屢創不可思議的傳奇故事，其獨特的教學與解題方式，被喻為思考派神人神解！王博士考量到補教業每年講的內容都一樣，且這些知識無法讓學生在步入社會時脫穎而出，因而急流勇退，全心經營充滿熱情且擅長的圖書出版業——采舍國際出版集團。

雖然重心轉移，但他並沒有因此懈怠，反而積極到處上課，舉凡國內、外的世界級培訓課程，王博士都會報名參加、熱衷學習，更專程飛到國外，只為一親大師的風采。在一次次的課程中，他開始思考成人培訓的價值與重要性，因而開始積極布局，

決心開創一問專為成人培訓服務的機構。

魔法講盟的緣起

　　王晴天博士為台灣知名作家、成功學大師和補教界巨擘，於 2013 年創辦「王道增智會」，秉持著開辦優質課程、提供會員最高福利的理念，不斷開設各類教育與培訓課程，內容多元且強調實做與課後追蹤，每一堂課均帶給學員們精彩、高 CP 值的學習體驗。不僅提升學員的競爭力與各項核心能力，更讓學員在課堂上有實質收穫，各課程佳評如潮，為台灣培訓界開創了一股清流！

　　每年 6 月皆會固定舉辦世界華人八大明師大會與亞洲八大名師高峰會，為台灣培訓界一大盛事，迄今與會學員逾 200,000 人，期許在為學員打造主題多元優質課程的同時，也能提供講師一個得以發揮的平台，學員在參加講師培訓結業後立即有舞台，並讓學員與講師相互交流，形成知識的傳承與流轉。

　　2017 年與成資國際集團（Yesooyes.com）合作，創立全球華語講師聯盟；2018年再與 24 位弟子正式成立全球華語魔法講盟（簡稱 **魔法講盟** ），融合王晴天博士多年智慧結晶、結合多元豐富資源，致力開創知識分享的課程，實現知識共享的 AI 經濟時代。

　　魔法講盟 藉由汲取成功者的經驗、萃取得勝者的思維，以改變生命、影響生命、引領良善智慧的循環為職志，創建台灣最大的培訓聯盟機構，成為全球華人華語知識

服務的標竿！

魔法講盟 是亞洲頂尖商業教育培訓機構，全球總部位於台北，海外分支機構分別設於北京、杭州、廈門、重慶、廣州與新加坡等據點，以「國際級知名訓練授權者◎華語講師領導品牌」為企業定位，集團的課程、產品及服務研發，皆以傳承自 2500 年前人類智慧結晶的「曼陀羅」思考模式為根本，不斷開創 21 世紀社會競爭發展趨勢中最重要的心智科技，協助企業及個人落實知識管理系統，成為最具競爭力的知識工作者，更有系統地實踐夢想，形成志業型的知識服務體系。

👑 魔法講盟的特色

初創時期，王道增智會有開設一門「公眾演說」課程，結訓的學員們大多都面臨到一個問題：那就是不論你多會講，拿到再好的名次、再高的分數，結業後仍必須要自己尋找舞台，也就是要自己招生，然而招生跟上台演說是兩個截然不同的領域，且培訓開課最難的部分就是招生！畢竟要找幾十個甚至上百位學員免費或付費到指定的時間、地點聽講，是非常困難的。

有感於此，王晴天博士認為專業要分工，講師歸講師、招生歸招生，所以**魔法講盟** 透過代理國際級課程，讓 **魔法講盟** 培訓出來的講師能直接授課，並搭配專屬雜誌與影音視頻之曝光，幫講師建立形象，增加曝光與宣傳機會，再與台灣最強的招生單位合作，強強聯手，席捲整個華語培訓市場。

魔法講盟 的課程最講求兩個字「結果」！你或許會覺得理所當然，但我們收到很多學員的反饋，表示其他培訓機構所開辦的課程，例如公眾演說班，繳交所費不貲的課程學費，在課堂上認真學習，參加小組競賽並上台獲得好名次好成績，拿到結業證書和競賽獎牌，學得一身好武藝後，想靠習來的技能打天下、掙大錢時，卻發現一個殘酷的事情──那就是要自行招生，而這正是整個培訓流程中最難、最重要、最燒錢的一環。

但經過 魔法講盟 密集的培訓，絕對能讓你成為一個比以往任何時候還要更強、更好的自己，且隨時準備承擔更大、更令人興奮的目標與責任！

魔法講盟 對於開設的課程給出承諾：只要是弟子或學員，並且表現達到一定門檻以上，魔法講盟 會依照學員的能力給予不同的舞台，就是要講求結果與效果！

- ⊘ **出書出版班：**出一本暢銷書。
- ⊘ **區塊鏈認證班：**保證有四張證照（東盟國際級證照＋大陸官方兩張＋魔法講盟一張）。
- ⊘ **WWDB642 課程：**建立萬人團隊，倍增收入。
- ⊘ **Business & You 國際級課程：**同時擁有成功事業＆快樂人生。
- ⊘ **CEO4.0 暨接班人團隊培訓計畫：**保證有企業可以接班。
- ⊘ **密室逃脫創業培訓：**創業成功機率增大十數倍以上。
- ⊘ **講師培訓 PK 賽：**擁有華人百強講師的頭銜與內涵。
- ⊘ **公眾演說班：**站上舞台成功演說。
- ⊘ **眾籌班：**保證眾籌成功。

👑 口碑推薦並強調有效果有結果的十大品牌課程

魔法講盟 跟其他培訓機構有所不同，不惜砸下重金及人力規劃各式不同類向的課

程，視永續教育及拓展各種專業技能範圍的成人為目標，任何課程首要之要求都一定是講求結果。

Business & You 國際級課程 ▶ 同時擁有成功事業&快樂人生

魔法講盟 董事長王晴天博士，致力於成人培訓事業多年，一直尋尋覓覓世界最棒的課程，好不容易在 2017 年洽談到一門很棒的課程，由世界 5 位知名培訓元老級大師接力創辦的 Business & You 國際級課程（以下簡稱 BU）。於是 魔法講盟 挹注巨資代理其華語課程，並將全部課程中文化。

課程結合全球培訓界三大顯學：激勵·能力·人脈，目前以台灣培訓講師為中心，全球據點從台北、北京、廈門、廣州、杭州、重慶輻射開展，專業的教練手把手落地實戰教學，BU 是讓你同時擁有成功事業 & 快樂人生的培訓課程，將使您腦洞大開，啟動您的成功基因！

15 Days to Get Everything,
Business & You is Everything！

BU15 日完整課程，整合成功激勵學與落地實戰派，借力高端人脈建構自己的魚池。其課程劃分為 **❶日齊心論劍班 + ❷日成功激勵班 + ❸日快樂創業班 + ❹日OPM眾籌談判班 + ❺日市場ing行銷專班**，讓您由內而外煥然一新，一舉躍進人生勝利組，幫助您創造價值、財富倍增，得到金錢與心靈的富足，進而邁入自我實現與財務自由的康莊之路。

👤**BU 一日齊心論劍班** 由王博士帶領講師及學員們至山明水秀之秘境，大家相互認識、充分了解，彼此會心理解，擰成一股繩兒，共創人生事業之最高峰。

👤**BU 二日成功激勵班** 以 NLP 科學式激勵法，激發潛意識與左右腦併用，搭配 BU

獨創的創富成功方程式，同時完成內在與外在之富足，含章行文內外兼備是也！創富成功方程式：內在富足＋外在富有，利用最強而有力的創富系統，及最有效複製的know-how，持續且快速地增加您財富數字後的「0」。

BU 三日快樂創業班 保證教會您成功創業、財務自由、組建團隊與人脈之開拓，並提升您的人生境界，達到真正快樂的幸福人生。

BU 四日 OPM 眾籌談判班 手把手教您（魔法）眾籌與 BM（商業模式）之 T&M，輔以無敵談判術與從零致富的 AVR 體驗，完成系統化的被動收入模式，參加學員均可由 E 與 S 象限進化到 B 與 I 象限。從優化眾籌提案到避開相關法律風險，由兩岸眾籌教練第一名師親自輔導您至成功募集資金、組建團隊、成功創業為止！

BU 五日市場 ing 行銷班 以史上最強、最完整行銷學《市場 ing》為主軸，傳授您絕對成交的秘密與終極行銷之技巧，課間更整合了 WWDB642 絕學與全球行銷大師核心秘技之專題研究，讓您迅速蛻變成銷售絕頂高手，超越卓越，笑傲商場！堪稱目前地表上最強的行銷培訓課程。

只需 15 天的時間，就能學會如何掌握個人及企業優勢，整合資源打造利基，創造高倍數斜槓槓桿，讓財富自動流進來！

2 區塊鏈國際認證講師班 ▶ 保證取得四張證照

由國際級專家教練主持，即學・即賺・即領證！一同賺進區塊鏈新紀元！特別對接大陸高層和東盟區塊鏈經濟研究院的院長來台授課，是唯一在台灣上課就可以取得大陸官方認證機構頒發的四張國際級證照，通行台灣與大陸和東盟 10 ＋ 2 國之認可，可大幅提升就業與授課之競爭力。

課程結束後您會取得大陸工信部、國際區塊鏈認證單位以及 **魔法講盟** 國際級證照，**魔法講盟** 優先與取得證照的老師於大陸合作開課，大幅增強自己的競爭力與大半徑的人脈圈，共同賺取人民幣！

 接班人密訓計畫 ▶ 保證有企業可接班

　　針對企業接班及產業轉型所需技能而設計，由各大企業董事長們親自傳授領導與決策的心法，涵養思考力、溝通力、執行力之成功三翼，透過模組演練與企業觀摩，引領接班人快速掌握組織文化、挖掘個人潛力，並累積人脈存摺！已有十數家集團型企業委託 魔法講盟 培訓接班人團隊！

④ **國際級講師培訓** ▶ 保證有舞台

　　不論您是未來將成為講師，或已擔任專業講師，皆可透過 魔法講盟 所提供之完整訓練系統，培養自身的授課管理能力，系統化課程內容與實務招眾演練，協助您一步步成為世界級一流講師！

　　每年均舉辦兩岸百強講師 PK 大賽，遴選出優秀講師，將其培訓為國際級講師，給予優秀人才發光發熱的舞台，您可以講述自己的項目或是 魔法講盟 代理的課程以創造收入，人生就此翻轉！

⑤ **玩轉眾籌** ▶ 保證募資成功

　　終極的商業模式為何？借力的最高境界又是什麼？如何解決創業跟經營事業的一切問題？答案就在王晴天博士的「眾籌」課程！教練的級別決定了選手的成敗，在大陸被譽為兩岸培訓界眾籌第一高手的王晴天博士，已在中國大陸北京、上海、廣州、深圳開出多期眾籌落地班，班班爆滿！三天完整課程，手把手教會您眾籌全部的技巧

與眉角，課後立刻實做，立馬見效；在群眾募資的世界裡，當你真心渴望某件事時，整個宇宙都會聯合起來幫助你完成。

魔法講盟 創建的 5050 魔法眾籌平台，提供品牌行銷、鐵粉凝聚、接觸市場的機會，讓你的產品、計畫和理想被世界看見，將「按讚」的認同提升到「按贊助」的行動，讓夢想不再遙不可及。

透過 5050 魔法眾籌平台與《白皮書》的定期發布，讓您在很短的時間內集資，藉由 **魔法講盟** 最強的行銷體系、出版體系、雜誌、影音視頻等多平台進行曝光，讓籌資者實際看到宣傳的時機與時效，助您在很短的時間內完成您的一個夢想，因為 **魔法講盟** 講求的就是結果與效果！

6 CEO 4.0 暨接班人團隊培訓計畫 ▶ 保證晉升 CEO4.0

特邀美國史丹佛大學米爾頓‧艾瑞克森（Milton H.Erickson）學派崔沛然大師，針對企業第二代與準接班人進行培訓，從美國品牌→台灣創意→中國市場，熟稔國際商業生態圈 IBE 並與美國 LA 對接人脈，出井再戰為傳承，提升寬度、廣度、亮度、深度，建立品牌，晉升 CEO 4.0 ！

讀破千經萬典，不如名師指點；高手提攜，勝過 10 年苦練！凡參加「CEO 4.0 暨接班人團隊培訓計畫」的弟子們都將列入 **魔法講盟** 準接班人團隊成員之一。

7 出書出版班 ▶ 保證出一本暢銷書

由出版界傳奇締造者王晴天大師偕同超級暢銷書作家群、知名出版社社長與總編、通路採購聯合主講，陣容保證全國最強，PWPM 出版一條龍的完整培訓，讓您藉由出一本書而名利雙收，掌握最佳獲利斜槓與出版布局，布局人生，保證出書。

快速晉升頂尖專業人士，打造權威帝國，從 Nobody 變成 Somebody ！

我們的職志、不僅是出一本書而已，出的書還得是暢銷書才行！ 魔法講盟 保證協助您出一本暢銷書！不達目標，絕不終止！此之謂結果論是也！

本班課程於 魔法講盟 采舍國際集團中和出版總部授課（位於捷運中和站與橋和站間），現場書庫有數萬種圖書可供參考， 魔法講盟 集團上游十大出版社與新絲路網路書店均在此處，於此開設出書出版班，意義格外重大！

 WWDB642 ▶ **保證建立萬人團隊**

WWDB642 為直銷的成功保證班，當今業界許多優秀的領導人均出自這個系統，完整且嚴格的訓練，擁有一身好本領，從一個人到創造萬人團隊，十倍速倍增收入，財富自由！ 100％複製＋系統化經營＋團隊深耕，讓有心人都變成戰將！

傳直銷收入最高的高手們都在使用的 WWDB642 已全面中文化，絕對正統！原

汁原味！從美國引進，獨家取得授權，未和任何傳直銷機構掛勾，絕對獨立、維持學術中性！結訓後可自行建構組織團隊，或成為 WWDB642 專業講師，至兩岸及東南亞各城市授課，翻轉人生下半場。

 公眾演說 ▶ **保證站上舞台成功演說**

建構個人影響力的兩種大規模殺傷性武器就是公眾演說＆出一本自己的書，若是演說主題與出書主題一致更具滲透力！透過「費曼式學習法」達於專家之境。

魔法講盟 的公眾演說課程，由專業教練傳授獨一無二的銷講公式，保證讓您脫胎換骨成為超級演說家，週二講堂的小舞台與亞洲八大名師或世界八大明師盛會的大舞台，讓您展現培訓成果，透過出書與影音自媒體的加持，打造講師專業形象！完整的實戰

訓練＋個別指導諮詢＋終身免費複訓，保證晉級 A 咖中的 A 咖！

10 密室逃脫創業培訓 ▶ 保證走出困境創業成功

創業本身就是一個找問題、發現問題，然後解決問題的過程。創業者要如何避免陷入經營困境和失敗危機？那就是先對那些創業過程中最常見的錯誤、最可能碰上的困境與危機進行研究與分析。

社會變化之快，每個階段都會有其要面臨的問題，誰對這些潛在的危險認識更深刻，就有可能避免之。事業的失敗，造成的主因往往不是一個，而是一連串錯誤和 N 重困境疊加導致，唯有正視困境，才能在創業路上未雨綢繆，走向成功。

當你想創業時，夥伴是一個問題、資金是一個問題、應該做什麼樣的產品是一個問題，創業的過程中會有很多很多的問題圍繞著你，猶如一間密室，要逃脫密室就必須不斷發現問題、解決問題。

密室逃脫創業秘訓由神人級的創業導師──王晴天博士親自主持，以一個月一個主題的 Seminar 研討會形式，共 12 個創業關卡，帶領學員找出「真正的問題」並解決它。因為在創業的過程中，有些問題還是看不見的，可能是方法出了問題、效率出了問題、流程出了問題，甚至是人方面的問題……種種，但企業主往往根本不自知，所以擁有逾 30 年創業實戰經驗的王博士，將協助你解決創業的 12 大問題，大幅提高創業成功之機率！

👑 魔法講盟是台灣射向全球華文市場的文創之箭

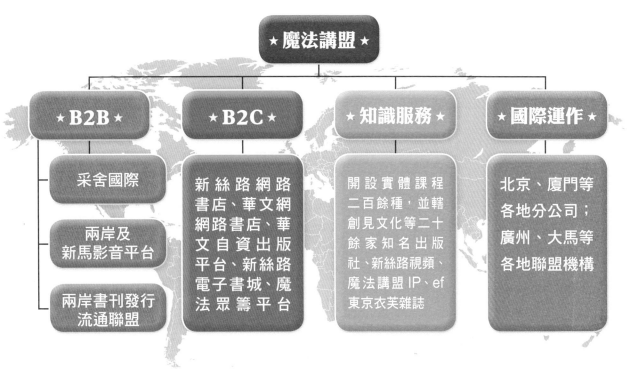

集團旗下的采舍國際為全國最專業的知識服務與圖書發行總代理商，總經銷 80 餘家出版社之圖書，整合業務團隊、行銷團隊、網銷團隊，建構全國最強之文創商品行銷體系，擁有海軍陸戰隊般鋪天蓋地的行銷資源。

旗下擁有創見文化、典藏閣、知識工場、啟思出版、活泉書坊、鶴立文教機構、鴻漸文化、集夢坊等 20 餘家知名出版社，中國大陸則於北上廣深分別投資設立了 6 家文化公司，是台灣唯一有實力兩岸 EP 同步出版，貫徹全球華文單一市場之知識服務「數字＋」集團。

擁有全球最大的華文自資出版平台與新絲路電子書城，提供紙本書與電子書等多元的出版方式，將書結合資訊型產品來推廣作者本身的課程產品或服務，以 專業編審團隊 ＋ 完善發行網絡 ＋ 多元行銷資源 ＋ 魅力品牌效應 ＋ 客製化出版服務 ，已協助各方人士自費出版了 3,000 餘種好書，並培育出博客來、金石堂、誠品等暢銷書榜作家。

也定期開辦線上與實體之新書發表會及新絲路讀書會，廣邀書籍作者親自介紹他的書，陪你一起讀他的書，再也不會因為時間太少、啃書太慢而錯過任何一本好書。

參加新絲路讀書會能和同好分享知識、交流情感，讓生命更為寬廣，見識更為開闊！

魔法講盟 IP 蒐羅過去、現在與未來所有 **魔法講盟** 課程的影音檔，逾千部現場實錄學習課程，讓您隨點隨看飆升即戰力；喜馬拉雅 FM ——新絲路 Audio 提供有聲書音頻，隨時隨地與大師同行，讓碎片時間變黃金，不再感嘆抓不住光陰。

新絲路視頻是 **魔法講盟** 旗下提供全球華人跨時間、跨地域的知識服務平台，讓您在短短 40 分鐘內看到最優質、充滿知性與理性的內容（知識膠囊），偷學大師的成功真經，搞懂 KOL 的不敗祕訣，開闊新視野、拓展新思路、汲取新知識，逾千種精彩視頻終身免費對全球華語使用者開放。

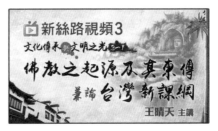

魔法講盟 由神人級的領導核心——王晴天博士，以及家人般的團隊夥伴——魔法弟子群，搭建最完整的商業模式，共享資源與利潤，朝著堅定明確的目標與願景前進。別再孤軍奮戰了，趕快加入 **魔法講盟** 創造個人獨特價值，再創人生新的巔峰。

華文版 Business & You 完整 15 日絕頂課程

從內到外，徹底改變您的一切！

以大自然為背景，一群人、一個項目、一條心、一塊兒拼、最後一起贏！古有〈華山論劍〉，今有〈BU齊心論劍〉，「齊心」的前提是互相認識，大家充份了解，彼此會心理解，擰成一股繩兒，一條鞭也！	以《BU藍皮書》《覺醒時刻》為教材，採用NLP科學式激勵法，激發潛意識與左右腦併用，BU獨創的創富成功方程式，可同時完成內在與外在的富足，含章行文內外兼備是也！	以《BU紅皮書》與《BU綠皮書》兩大經典為本，保證教會您成功創業、財務自由之外，也將提升您的人生境界，達到真正快樂的人生目的。並藉遊戲式教學，讓您了解DISC性格密碼，對組建團隊與人脈之開拓能力均可大幅提升。	以《BU黑皮書》超級經典為本，手把手教您眾籌與商業模式之T&M，輔以無敵談判術，完成系統化的被動收入模式，由E與S象限，進化到B與I象限，達到真正的財富自由！ $E \quad B$ $S \quad I$	以史上最強的《BU棕皮書》為主軸，教會學員絕對成交的祕密與終極行銷之技巧，並整合了全球行銷大師核心密技與642系統之專題研究，堪稱目前地表上最強的行銷培訓課程。 接 建 初 追 轉
1日 齊心論劍班	**2日** 成功激勵班	**3日** 快樂創業班	**4日 OPM** 眾籌談判班	**5日市場ing** 行銷專班

以上 1+2+3+4+5 共 **15** 日 BU 完整課程，

整合全球培訓界主流的二大系統及參加培訓者的三大目的：

成功激勵學 × 落地實戰能力 × 借力高端人脈

建構自己的魚池，讓您徹底了解《借力與整合的秘密》

以上課程報名，請上 silkbook●com 新絲路 www.silkbook.com

全球華語魔法講盟 Magic

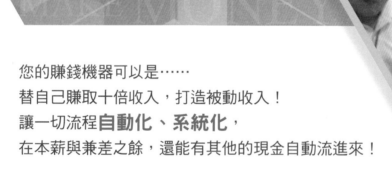

密室逃脫創業培訓

Innovation & Startup SEMINAR

體驗創業 → 見習成功 → 創想未來

創業的過程中會有很多很多的問題圍繞著你，團隊是一個問題、資金是一個問題、應該做什麼樣的產品是一個問題……，事業的失敗往往不是一個主因造成，而是一連串錯誤和N重困境累加所致，猶如一間密室，要逃脫密室就必須不斷地發現問題、解決問題。

創業導師傳承智慧，拓展創業的視野與深度

由神人級的創業導師──王晴天博士親自主持，以一個月一個主題的博士級 Seminar 研討會形式，透過問題研討與策略練習，帶領學員找出「真正的問題」並解決它，學到公司營運的實戰經驗。

創業智能養成 × 落地實戰技術育成

有三十多年創業實戰經驗的王博士將從
──價值訴求、目標客群、生態利基、行銷
& 通路、盈利模式、團隊 & 管理、資本運營、
合縱連橫，這八個面向來解析，再加上最夯
的「阿米巴」、「反脆弱」……等諸多低風
險創業原則，結合歐美日中東盟……等最新
的創業趨勢，全方位、無死角地總結、設計
出 12 個創業致命關卡密室逃脫術，帶領創業
者們挑戰這 12 道主題任務枷鎖，由專業教練
手把手帶你解開謎題，突破創業困境。

保證大幅提升您創業成功的機率增大數十倍以上！

魔法講盟

區塊鏈國際
認證講師班

錯過區塊鏈，將錯過一個時代！**馬雲說：「區塊鏈對未來影響超乎想像。」**錯過區塊鏈就好比 20 年前錯過網路！想了解什麼是區塊鏈嗎？想抓住區塊鏈創富趨勢嗎？

　　區塊鏈目前對於各方的人才需求是非常的緊缺，其中包括區塊鏈架構師、區塊鏈應用技術、數字資產產品經理、數字資產投資諮詢顧問等，都是目前區塊鏈市場非常短缺的專業人員。

魔法講盟 特別對接大陸高層和東盟區塊鏈經濟研究院的院長來台授課，**魔法講盟**是唯一在台灣上課就可以取得大陸官方認證的機構，課程結束後您會取得大陸工信部、國際區塊鏈認證單位以及魔法講盟國際授課證照，取得證照後就可以至中國大陸及亞洲各地授課＆接案，並可大幅增強自己的競爭力與大半徑的人脈圈！

由國際級專家教練主持，
即學・即賺・即領證！
一同賺進區塊鏈新紀元！

課程地點：采舍國際出版集團總部三樓
New Classroom

新北市中和區中山路 2 段 366 巷 10 號 3 樓
（中和華中橋 CostCo 對面）🚇 中和站 or 🚇 橋和站

查詢開課日期及詳細授課資訊・報名

請掃左方 QR Code，或上新絲路官網 新・絲・路・網・路・書・店 silkbook○com www.silkbook.com 查詢。

人生最
高境界

超譯易經
知命・造命,不認命,
掌握好命靠易經!

幸福人生終極之秘
決定您一生的幸福、快樂、
富足與成功!

行銷絕對完勝營
市場ing+接建初追轉,
賣什麼都暢銷!

玩轉眾籌實作班
大師親自輔導,保證上架成
功並建構創業 BM !

寫書&出版實務班
企畫・寫作・保證出書・
出版・行銷,一次搞定!

世界級講師培訓班
理論知識+實戰教學,
保證上台!

★保證有結果的國際級課程★

BU生之樹,為你創造由內而外的富足,跟著BU學習、進化自己,升級你的大腦與心智,

蛻變自己、超越自己,讓你的生命更豐盛、美好!

STARTUP WEEKEND @ TAIPEI

2020
世界華人・亞洲
超級大師會台北

邀請您一同創富圓夢，開啟財富大門！

2020 世界華人・亞洲八大盛會，廣邀夢幻及魔法級導師傾囊相授，助您擺脫代工的微利宿命，在「難銷時代」創造新的商業模式。高 CP 值的創業創富機密、世界級的講師陣容指導必勝賺錢術，讓您找到著力點，不再被錢財奴役，奪回人生主導權，顛覆未來！

正值零工經濟浪潮，多工價值時代讓多角化人生如複利魔法般快速成長，如果您信仰「work hard, play harder」的人生哲學，受夠無限迴圈的職務內容，您需要有經驗的名師來指點，誠摯邀請想擁有多重身分及豐富經驗斜槓人生的您，一同交流、分享，儘管身處微利時代，也能替自己加薪，創造絕對的財務自由，賺取被動收入，如此盛會您絕對不能錯過！

只要懂得善用資源、借力使力，創業成功不是夢，利用槓桿加大您的成功力量，把知識轉換成有償服務系統，讓您連結全球新商機，趨勢創業智富，開啟未來十年創新創富大門，更助您組織倍增、財富倍增，產生複利魔法，帶來豐碩的人生成果！

活 動 資 訊

2020 世界華人八大明師

🕘 2020 年 **6/6**、**6/7**，9:00 ～ 18:00
📍 新店台北矽谷（新北市新店區北新路三段 223 號 🚇 大坪林站）

2020 亞洲八大名師高峰會

🕘 2020 年 **6/13**、**6/14**，9:00 ～ 18:00
📍 新店台北矽谷（新北市新店區北新路三段 223 號 🚇 大坪林站）

更多詳細資訊，請洽真人客服專線（02）8245-8318，或上官網新絲路網路書店 *silkbook com* www.silkbook.com 查詢

國家圖書館出版品預行編目資料

有錢人都在學!：超級有效的國際級課程Business
& You,4周就能蛻變人生 / Aaron Huang、Jacky
Wang 合著.. -- 初版. -- 新北市：創見文化出版, 采
舍國際有限公司發行, 2019.11 面；公分--

ISBN 978-986-271-867-4（平裝）

1.創業　2.職場成功法

494.1　　　　　　　　　　　　108009776

有錢人都在學！

創見文化 · 智慧的銳眼

作者／Aaron Huang (P10~85)、Jacky Wang (P86~162)

出版者／ 魔法講盟 · 創見文化

總顧問／王寶玲

總編輯／歐綾纖

主編／蔡靜怡

文字編輯／牛菁

美術設計／Mary

郵撥帳號／50017206 采舍國際有限公司（郵撥購買，請另付一成郵資）

台灣出版中心／新北市中和區中山路 2 段 366 巷 10 號 10 樓

電話／（02）2248-7896　　　　　　傳真／（02）2248-7758

ISBN ／ 978-986-271-867-4

出版日期／ 2019 年 11 月

全球華文市場總代理／采舍國際有限公司

地址／新北市中和區中山路 2 段 366 巷 10 號 3 樓

電話／（02）8245-8786　　　　　　傳真／（02）8245-8718

本書採減碳印製流程，碳足跡追蹤，並使用優質中性紙（Acid & Alkali Free）通過綠色環保認證，最符環保要求。

Magic　https://www.silkbook.com/magic/